地球研叢書

生物多様性
子どもたちにどう伝えるか

阿部健一 編

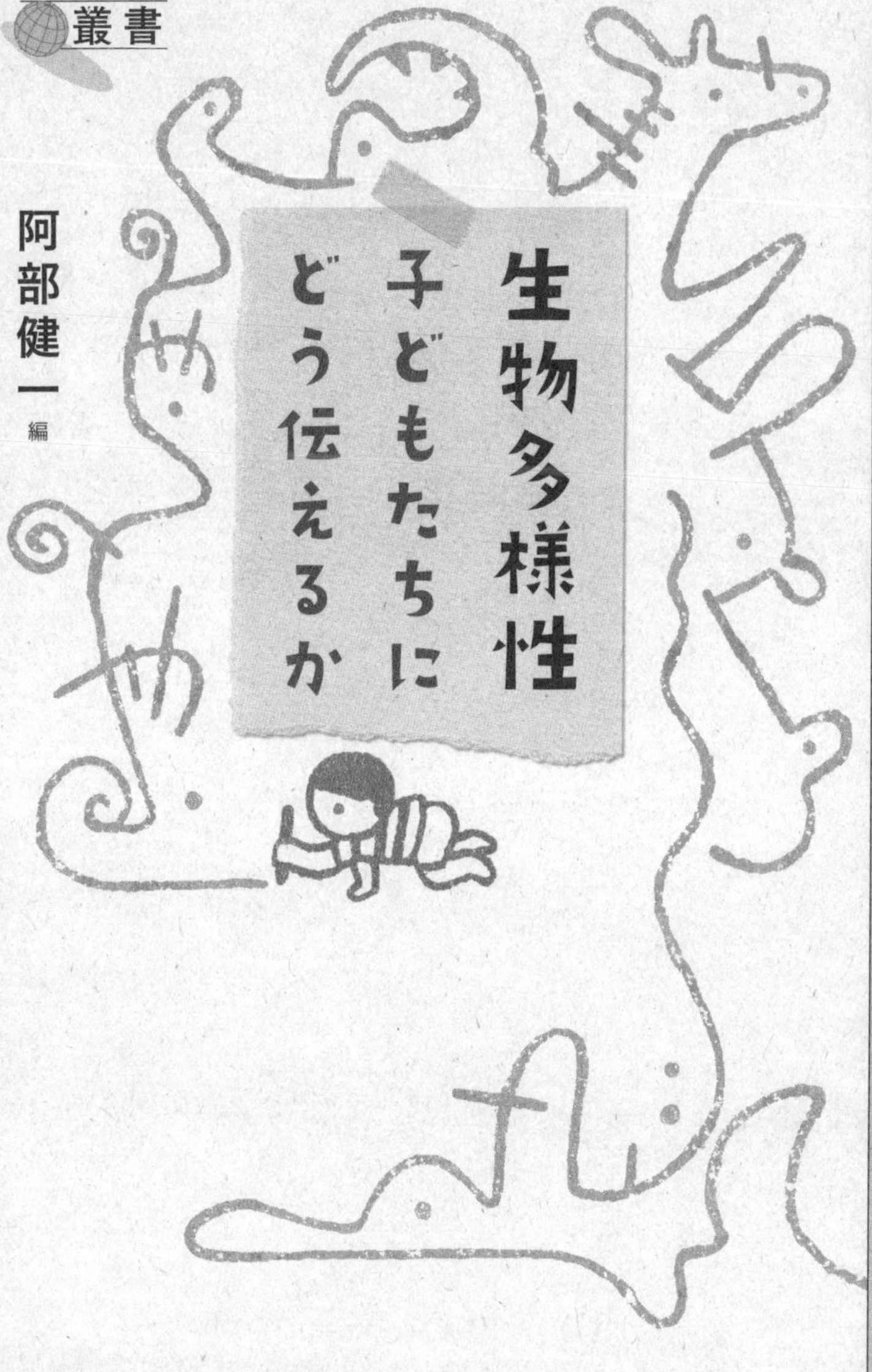

昭和堂

はしがき

この本の「はしがき」にあたることは、じつは、あとに続く第一章に書いてある。「はしがき」を要約するというのは変だけれど、簡単にいえば、この本は日高敏隆先生がまとめられた『生物多様性はなぜ大切か』という本の続編である。日高先生は、二〇〇九年一一月に亡くなり、その後に書き始めたため、どうしても個人的な思いが強い調子になってしまった。だから全体のはしがきにせず、自分の文章のなかに組み入れてしまった。

ここではオマージュではない部分を、そしてもっと強調しておいた方がよい部分を、あらためて書いておこうと思う。

そのひとつは、多様な生物が存在することは、それだけでは何ら価値を持たないということである。多くの人が誤解しているが、「生物多様性」は、地球上にいろいろな生き物がたくさんいることが大切だといっているのではない。その多様な生き物がつながっていることが重要だといっているのである。さらにいえば、そのつながりは、信じられないほど複雑で繊細で、さまざまな生物を巻き込んで、とてつもなく広い範囲に及ぶ。その精妙さとダイナミックスさは、まさに神が創りあげたものに思える。

しかし生物学者は、それが多くの生物の相互関係の、進化学的時間の積み重ねであることを知っている。生物学者は、学問として、根気のいる地道な作業を通じて、このプロセスを明らかにした。同時に彼らは、この驚くほど見事なつながりを最初に知るという特権を与えられた。それを何とかみんなに、とくに子どもたちに、お父さんお母さんの手助けを得て伝えたい、と思って書かれたのが本書なのである。

最後に強調しておきたいのは、この精妙な生物のつながりのなかに、われわれも含まれている、ということである。生態系サービスという概念は、生物の相互作用のネットワークの中心に人間をおいて、大切な関係性を説明しようとしたものである。

人間中心主義にすると、どうしても打算的になる。どんな生態系が、あるいは生物多様性が、人間にとってどんな役に立っているか、計算したりする。人間も生物のつながりの一部なのである。

この本は、二〇一〇年一〇月に名古屋大学豊田講堂で行われた総合地球環境学研究所と名古屋大学との連携セミナー「多様性の伝え方——子どもたちのための自然と文化」での発表をもとにしている。ただし内容や構成は大きく変えてある。セミナーでは、ほかの人の発表を聞いたり、パネルディスカッションに参加したり、一般の方々から簡単な、しかし本質的な質問を受けたりして、さらに深く考えさせられた。そのことを、この本では反映させたつもりである。有意義なセミナーにしてくださったみなさん、とりわけ名古屋大学の方々や、基調講演をお願いした関野吉晴さんに感謝したい。

阿部健一

目次

目 次

第6章　森の実践から学ぶ生物多様性の保全……横山　智

章扉写真　辻野亮撮影。屋久島では雨が多いため、さまざまな植物が樹木に着生する

第1章

生物多様性の伝え方——科学と文化

阿部健一

再び「生物多様性はなぜ大切なのか」について

　この本は、生物多様性をどのようにして守るか、を考えた本である。とくに次世代の子どもたちに、その大切さを伝えたいと思っている。大切さが伝わらなければ、今ある豊かな多様性は、このまま失われてしまうのでないか、と危惧している。グローバリゼーションの今日、現実に世界中の多様性が失われてきている。均質化と画一化が加速度的に進む。学校教育ではない、広い意味での「教育」が、今こそ必要だと思っているのだ。

　しかしどのように伝えればいいのだろう。

　生物多様性は教育できない。中村桂子さんの言葉である。そのとおりだと思う。

　生物多様性について、あれこれ書いて教えようと思っても、子どもには無意味です、という。実際に自然と触れ合うのが一番の教育だという。この本を書く意味がなくなる。困ってしまう。でもそのとおりなのだ。

　以前、『生物多様性はなぜ大切なのか』という本を、地球研叢書として出版した。専門家が、これ以上ないほどわかりやすく説明している。いい本である。しかし編者の日高先生は、小さな声で「僕には、なぜ生物多様性が大切なのか、よくわからない」とつぶやいていた。日高先生は、思っていることをはっきり言う人で、今はやりの「持続可能性」という概念も「おかしいじゃないか」と言っていた。持続可能性は、理想的な、なにやらありがたい言葉ではあるが、実現不可能で、実のところまやかしにすぎないのでないか、と考えられていた。

「生物多様性」はごまかしでもなんでもない。生物学の重要な概念である。日高さんは、でもそれがわからない、と言う。正確にいえば、日高先生は、「生物多様性がなぜ大切なのか」を「なぜ」説明しなければならないのか、わからないのである。

日高さんも、そしてまちがいなく中村さんも、生物の大好きな方である。ここでは生物は「生きもの」と読んだほうがいい。

生きものが好きな人に、生きものがたくさんいることが大切なことを説明せよ、といっても困ってしまうだろう。実際、日高先生はちょっと困っていた。生きものを「見ればわかるじゃないか！」と心のなかで思っていたのではないか。

「生物多様性」の大切さは、本を読むより、人の話を聞くより、まず自然のなかで生きものを見て、その素晴らしさを感じることが大事である。頭のなかで理解するものではない。

それでも、手引きのようなものは必要でないかと思う。たとえば図鑑である。

図鑑は、小学生の男の子にとってはバイブルである。少なくとも、僕にとってはそうだった。町の空き地で見たことのないトンボを採る。新種でないかと思う。どきどきしながら昆虫図鑑にあたる。「オハグロトンボ」。普通種だが、渓流に住むトンボが町中で見つかるのはめったになかった。

珍しい花を見つけたら図鑑で名前を調べたくなる。名前を知ることで、生きものの世界と近くなる。豊かにかかわれるようになる、といってよいだろうか。

身近な生きものだけでなく、ふだん見かけることのない、遠い世界の生きものを紹介する図鑑もある。金属光沢の翅をもつトリバネアゲハや奇妙な形のバイオリンムシ。図書館の世界昆虫大図鑑に描かれている昆虫が、本当に存在するとはなかなか信じられなかった。

当時は「生物多様性」という言葉はなかった。しかしこのときに、生物多様性の宝庫である熱帯林に行ってみたくなった。生きものへの関心を深めるために、図鑑が果たした役割は大きい。

生きものの話を聞いたり読んだりすることも大事だ。生物がさらに魅力的になる。日高さんはそれが上手だった。本でもいいのがある。子どものころ「ファーブル昆虫記」や「シートン動物記」を手にした人は多いだろう。

今ならテレビや映像だろうか。撮影の技術も進み、びっくりするような映像を見ることができる。さっきも深海の生きものの映像をテレビで流していて目が離せなくなった。透明で、目だけ青く光り、骨格標本が泳いでいるような……。ネオンのように色とりどりに点滅するクラゲ。コウモリダコは宇宙からやってきた生きものとしか思えない。リュウグウノツカイが浅瀬で泳いでいる映像は本当に衝撃的だった。

特殊撮影の進化で、生きもののさまざまな姿を見られるようになっていることも大きい。優れた望遠レンズは、動物の自然な姿を映し出す。カワセミが水中の魚を捕獲する行動の超スローモーション撮影はSF映画のワンシーンのようだ。動物を扱ったテレビ番組は、根強い、というよりますます人気が出ている。

生きものに関心を持つための優れた手引書や仕掛けは、今ではますます充実している。映像はとくに強烈なインパクトがある。そのなかで、この本の位置づけをもう一度しておいたほうがいいだろう。

この本は「生きもの」の魅力を語る本ではない。それは映像にはかなわない。一言でいえば、生物ではなく「生物多様性」を扱う本である。さらにいえば「生物多様性」を身近なものにすることを目的としている。そのために「生物多様性」の仕組みと魅力について、専門家がそれぞれの研究成果から解き明かしているし、そのうえで、どのように残すか、についてもそれぞれの経験から述べてある。

ただ僕は、生物学者を目指していたことはあるが、生物学者ではない。そこで「生物多様性」を別の角度から見てみようと思う。まず生物多様性という言葉と考え方が生まれた背景について。次に、生きものと人のかかわりについて触れ、生物と生物多様性を人間の功利主義的な観点からのみ評価しようとすることに疑問を呈しておく。そのうえで、あらたな共通認識の必要性にふれ、そのなかで、なぜ「生物」ではなく「生物多様性」なのか説明してゆこうと思う。多くの人が誤解しているのだが、多様なことは重要ではない。いろいろな生きものがいることではなく、それらがしっかりと結びついていることが大切なのである。

つくられた「生物多様性」という言葉

「生物多様性」という言葉に馴染みのない人は多い。それは仕方がない。最近つくられた言葉だからだ。つくりだしたのは生物学者。一九八五年ごろで、最初に誰が言い出したのかはともかく、一九八八年、E・O・ウィルソンが書名として使ったのが最初だとされる。ウィルソンは、アリの分類学的研究の大家であるが、彼の業績は単なる分類学に留まらず、『島の生物地理学理論』で生態学・生物地理学の重要な概念を提示し、『社会生物学』では、生物学と人類学・社会学の統合を試みようとした。理論家であると同時に生物を愛するナチュラリストでもある。

さて、一般の人に「生物多様性」が広まったのは、一九九二年の国連環境開発会議、いわゆるリオ・サミット以降だろう。このとき「生物多様性条約」が提起され、その最初の調印式が行われた。生物多様性条約は、翌一九九三年に発効され、二〇一〇年に名古屋で第一〇回目の締約国会議を開催するにいたっている。

「生物多様性（Biodiversity）」という言葉は、僕が学生のころ、一九八〇年代の前半だが、にはなかった。かわりに「生物学的多様性あるいは生物の多様性（Biological Diversity）」という言葉があり、生物学上の重要な概念であった。生物の多様性は生態系の安定性をもたらすのか、あるいは、なぜ熱帯林では生物種の多様性が高いのか。さまざまな仮説の提示とそれを検証する実験や理論的考察がなされていた。

日本語にすると両者は大きな差はないように思う。どちらにせよ専門用語特有のぎこちなく硬い言葉である。日本での馴染みのなさは、この生硬さにも原因があるかもしれない。しかし英語の場合、名詞とそれを形容する二つの言葉が名詞一語になるのは、大きく違う印象をあたえるようだ。修辞上の小さな変更が「生物多様性」を一般用語へと変貌させた。

もちろん、一語になっただけで一般の人に知られるようになったわけではない。著名な生物学者が、このあらたな言葉に、積極的に科学的な装いと、特別な意味と価値を付加したのである。このあたりの事情は、科学史家のタカーチが、学界をリードしていた保全生物学者にインタビューを行うことで、みごとに明らかにしている。

「生物多様性」という概念は、糖衣錠のようなものかもしれない。苦い薬効成分を、甘い糖で包み込み、口当たりをよくしている。そうすることで、多くの人が服用するようになる。苦い薬効成分とは、生物学者の間での、互いに矛盾する生物に対するさまざまな思いや考え方と、まだ解明しきれていない生物多様性の複雑さが含まれている。そのような内実を包み隠して、外向きには、生物多様性は何か大切なもの、のように見せている。そしてこの作業に、生物学者は、その学術的権威を最大限活用して、主体的にかかわっている。

生物多様性は、その初期にはとくに定まった定義はなかった。きわめて幅広い意味を持ち、その結果「正確な定義は無駄」だと言い放つ人もいた。「世界中の生きている基本財産を手短にいったもの」と、投げやりとも思える定義をする研究者もいる（Raven and Raven 1994）。多くの研究者は「私の定義によれば」といって説明を始めるだろう。しかし、定義が曖昧であるからこそ、いろいろな局面で使われる便利な言葉になる。

たとえば「生物多様性」という概念を使えば、数限りない生物のなかで、どの生物を選択的に保全しなければならないのか、という問題を棚上げにできる。象徴的で「特別な生き物」であるパンダやクジラなら一般の人に保全の必要性を訴えやすい。パンダは愛らしいと多くの人が思い、「クジラやイルカは賢い」という人もいる。しかし、ありふれた生きものだったらどうだろう。一般の人は、アベサンショウウオやキクザトサワヘビを守る必要性など感じないだろう。そもそも、このような両性類と爬虫類が日本にいること自体、ほとんどの人は知らない。しかし両種とも日本の絶滅危惧種ⅠA類、ごく近い将来絶滅の危険性がきわめて高い種、としてレッドデータブックにあげられている。

絶滅危惧種という言葉も、危機にある生物種を保護したいと考えた生物学者のつくったものである。名前を聞いたこともない生きものであっても、絶滅の危機にある、と教えられれば、多くの人はその保全に関心を持つだろう。レッドリストは最初に国際自然保護連合によってつくられ、その後同様のレッドリストが各国で作成され、危機の度合いに応じてランクづけが行われている。

しかし問題は、生物の数が、そして絶滅危惧にある種が、あまりにも多すぎることである。とくに昆虫など小さな生きものの場合、調査も不十分であり、すべての絶滅に瀕している種をリストアップすることは、とうていできない。絶滅危惧種は氷山の一角なのである。さらに、レッドリストに掲載された生物のみを保全すればいいのか、という問題もつきまとう。自然に関心のない開発業者なら、絶滅危惧種だけ保全し、残りの自然を台無しにしたうえで「自然保護の義務を果たしました」と言いかねない。

「生物多様性」は、単独の種ではなく多様性こそが重要だと主張することで、この難問を解決する。どの生物も保全される価値があるのである。さらに生物多様性は、生態系という概念も取り込んでいる。絶滅の危機を前に、現在のノアは、どの種を箱舟に載せるのか悩む必要はなくなった。大切なのは個々の「生物」ではなく「生物多様性」なのである。

生物多様性は、的確に定義することは難しい。さまざまな考えが織り込まれたため、当初生物学者の間でも、見解の一致を見なかった。生物多様性という包括的な概念は「自然」とどう違うのか。実は明確な答えはない。学術的な概念としては未熟である。簡単に説明しようとしてもなかなか難しい。一般の人がわかりにくいのも無理はない。

しかし、生物を保全する際には格好のラベル、みごとな錦の御旗になる。意味がよくわからないから、逆にありがたがられる側面もある。お経のようなものだ。「生物多様性は守らなければならない」。なにやら難しげだが、だからこそいいのである。「生きものを大切にしましょう」では、小学生にはわかりやすくていいのだが、メディアや政治家、企業家には通用しない。だから生物学者は、進んでこの言葉を使い、その価値について専門的立場から説明を試みる。物は言いようなのだ。

再びタカーチによれば、「生物多様性」という言葉は、生物学者が「生物学的な世界およびその世界をかたちづくっているダイナミックな諸プロセスを保存したいと願い、また同時に、生物の多様性について語る権威、生物の多様性を定義し防衛する権威を自分たちのものにしようとする」（タカーチ　二〇〇六）ためにつくったらしい。

二つの目的の最初のほうは、素直にそのとおりだと思う。ほとんどすべての生物学者は、研究対象である生きものと自然を愛し、それが加速度的に失われていることを心配している。なんとか生物多様性を保全したいと願い、そのために知恵を絞っている。後の目的については、少し辛らつすぎる見方かもしれない。僕の知る生物学者には、権威主義的な人はいない。ただ、生きものが好きで、生きものを守るためなら何でもします、という人がいるだけだ。公平に見れば、「生物多様性」という言葉は、地球規模での自然の劣化を誰よりも憂慮する生物学者が苦肉の策として生み出し、世界の共通課題とするように育てたものである。

しかし僕は正直にいえば、この言葉はあまり好きではない。抽象的で、取り澄ましていて、少し傲慢だと思えるほど硬い感じがする。しかも最後のところで、よくわからず、納得していないところもある。でも便利だから頻繁に使っている。公式な場では、生物とは言わず生物多様性と言ったりしている。個人的には、生物という言い方とまったく同じように使っている。

ちゃんとした説明は誰か他の人に任せて、ここでは少し違ったところから生物多様性を考えてみたい。生物多様性と文化の話である。継承する力としての文化は、生物多様性を考えるときには、きわめて重要である。文化がしっかりしていないと、生物多様性など残せないでないか、と思っている。「生物多様性文化」といったものが必要になると思う。

生物文化と生物多様性——「具体の科学」

図鑑のことで思い出したことがある。

僕は、図鑑を通じて生物に興味を持ち、生物の宝庫、熱帯林に行きたいと思った。幸運なことに、それはかなり早い時期に実現した。今から三〇年以上前、一九八一年のことだ。マレーシア領のボルネオ島の熱帯林で二年間生物の調査をする機会が与えられた。熱帯林での調査の合間には、地元の人たちと話す機会がある。話し相手はカダザン族と呼ばれる焼畑を行う人たちが多かった。熱帯林を焼き払って、陸稲やバナナなどの作物を植える。森とともに生活しているような人である。

驚いたのは、彼らが、虫の名前をほとんど知らなかったことだ。ライトトラップで採集した珍しい虫を見せても、まったく関心を示さなかった。どれもこれも「虫」である。町に住んでいるマレー系の人たちや中国人が無関心なのはわかる。しかし自然のまっただ中で暮らしているような人たちも無関心だったのが意外だった。

理由をいろいろ考えたが、図鑑がないことも関係しているように思えた。自分の経験が頭にあった。マレーシアには、当時、子どもたちが参照できるような生物図鑑はまったくなかった。子どもたちに生物に親しんでもらうために図鑑をつくってみよう、と思ったが、そのうち本業が忙しくなって手をつけずじまいだった。

それはそれで、よかったのかもしれない。今思うと、図鑑さえあれば自然に関心を持てるようになる、と考えたのは浅い考えだった。もっと根本的なものが重要だろう。生物観あるいはより広く文化といっていいものである。それは長い自然とのつきあいの歴史のなかで培われる生物の見方と距離であり、一朝一夕で変わるものではない。

まず、われわれの文化から考えてみたい。日本人の生物とのつきあいの特徴である。

日本人は、身の回りの小さな生物への関心が昔から高いのではないかと思う。

たとえば俳句。俳人の坪内稔典さんによると、俳句の世界では日常のありふれたものを詠むのだそうだが、身近な生きものが頻繁に登場する。

松尾芭蕉の「のみしらみ、馬の尿する枕もと」。有名な句だが、上品な和歌の世界と違って蚤や虱のような俗な虫が取り上げられている。蚤や虱は、今の言葉でいえば衛生害虫である。「古池」の句も、幽玄・高雅な句の代表と教えられてきた。蛙が水に飛び込む音とその後の静寂。閑静さをいわずして閑静さを言外に溢れさすところが素晴らしい、などと「西洋流の学問を受けた学者」さんは解釈する。しかし、稔典さんによると、ただ身近な出来事を面白がって詠んだだけ。取り合わせを楽しむのが俳句だそうだ。

小林一茶は、とくに身近な動物を多く詠んでいる。「やれうつな、ハエが手をする脚をする」。ハエへの優しい観察力がポイントだろう。ほかにも「蝶見よや親子三人寝てくらす」。

観察力といえば、これも稔典さんから教えてもらったのだが、画家の熊谷守一さんは、晩年一歩も家から出ず、庭に生きる草花や虫などの身近な生物を画題にして描き続けた。「蟻は左側の二番目の脚から歩き始める」ことは、昆虫学者でなく熊谷守一さんの発見。稔典さんは小さな命に向けられた、やはり、優しい観察力に感動を覚えたそうだ。「突きあたり何かささやき蟻わかれ」(誹風柳多留)。

日本人と虫、みたいな話になってきた。この点で日本人はユニークだといえるかもしれない。「ファーブル昆虫記」は、全訳をした奥本大三郎さんによれば、日本人の間でとりわけ人気があるそうだ。昆虫を観察していたファーブル自身は、南フランスでは変人扱いだった。さらに奥本さんは、里山という身近な自然の大切さはフランス人には理解不能でしょうね、とも言っていた。とはいっても、ルナールのように、蝶々を「二つ折りの恋文が、花の番地を捜している」と表現し、蟻を数字の「三」に見立てたフランス人もいるからややこしい。

日本人の生物とのつきあい方が、特別に親密だというわけではない。日本人の自然観についても、しばしば「自然を愛する日本人」というイメージが引き合いに出されるが、注意したほうがいいようだ。たとえばトーマスによれば、日本の近代化は、自然を克服し管理することであった西洋の近代化と異なった道をとる。日本では、近代化という政治過程のなかで、近代のアンチテーゼと考えられていた自然を巧みに取り込んできたという。対立するひとつの自然があるのではなく、複数の自然があり、それがさまざまな政治形態と結びつき、そのつど「自然と共生している日本」といった像が強化されていったとするのである。

話が少しずれてきた。ここで強調しておきたいのは、民族・地域・時代によってさまざまな生きものとのつきあい方があるということだ。関心を持つ生物のグループも異なってくる。先のボルネオ島のカダザン族も、虫の名前は知らないが、生物全般にまったく関心がないわけではない。むしろ生活にかかわるところで、実に多くの生物と豊かなかかわりあいを持っている。かかわりあいの累加は生物を象徴化するのだろう。焼畑の実践にあたって、ある種の生物の出現は予兆として扱われる。

焼畑に行くときに、「あの鳥が行く手を横切れば、家に戻ってその日は家を出ることはできない」。クチバシが赤く羽根が空色の美しいカワセミを指しながら教えてもらったことがある。別の鳥は、けたたましい鳴き声をあげるが、偶数回鳴き声を聞いたらやはり家に帰って蟄居。でも奇数回ならそのまま焼畑に行ってもいいそうだ。シカが行く手を横切れば悪い兆し。畑仕事に出かけるつもりでも、家に帰って蟄居しなければならない。シカを見かけただけなら、道端に座り、木の枝を三本燃やしタバコを吸えば、凶兆を転ずることができる。タカの仲間が天高く舞うのも凶兆である。

焼畑の成否は自然に大きく左右される。われわれはカワセミが飛ぶことと焼畑仕事に出かけることの間には何の因果関係もないと思う。しかしカダザン族の人は、生物の動きから、われわれには因果関係が理解できない自然の流れを読み取っているのではないか。

限りがないのだが、もうひとつだけ例をあげよう。遊牧民は家畜に生活を依存しているし、日常的に長い間接している。焼畑民とも狩猟採集民とも違った生物とのつきあいがある。日本人とも違って、蟻や蝶はどうでもよい。家畜に愛情といってもいい強い感情を持つようになる。

ケニアのマサイ族でよく知られているが、家畜に固有名を与えている例はけっこう多い。同じアフリカのヌアー族の例はとくに印象に残る。人が家畜と不即不離の関係にある（エヴァンス＝プリチャード　一九九五）。

ヌアー族の若者は、成人式のときに父親から去勢された雄牛を贈られる。大人になったばかりの若者は、その牛の名前を自分の名前「雄牛名」とする。生まれたときにつけられた個人名以外に、もうひとつ牛の名前を持つのだ。

名前をもらった雄牛は、若者の唯一無二の友人である。日ごろから一緒に遊び、かわいがる。牛のために詩をつくり、人々の前でうたう。朝夕牛の後を追いながら、名前を分けあった牛の特徴をあげ誉めそやす詩を口ずさむのである。自分の雄牛が死ねば若者は自分が死んだかのように悲嘆にくれるし、逆に若者が死ぬと雄牛は供儀されることになる。人々は雄牛名で若者を呼ぶため、牛のことなのか人のことなのか、わからなくなる。人と雄牛は「同一視」されているのである。

異なる歴史と環境におかれた人々は、異なる生物観を持つだろう。世界中には、さまざまな生物観あるいは生物文化がある。いくつかのパターンに分けられるだろうが、それは無限にある。日本人には日本人が親しみを持つ生物のグループがあり、その間に固有の距離感といったものがある。日本人の生物観である。そのうちにあっても、生物との関係性は時代によっても異なってくるだろう。また都会に暮らす人と農村で生活する人では、微妙な、というよりも大きな差が出てくるだろう。

この多様な生物文化の延長線上に、今われわれが考えなければいけない将来の生物との関係がある。これまでの関係をご破算にして、白紙状態でこれからの生物との関係をあらたに構築してゆくのではない。言葉自体は目新しくつかみどころがないが、「生物多様性」の本意は、文化という大地にしっかり根ざした概念である。

生物多様性と生態系サービス――役に立つから大切なのか

生物多様性と文化についてさらに考えるまでに、生物多様性の科学的側面をもう少し掘り下げてみたい。

共通の定義もなかった生物多様性の概念は、その後、科学面つまり生物学的に、次第に整えられてゆく。生物多様性条約など国際的には、三つのレベルの多様性を考えるのが一般的だ。種内の多様性と種間の多様性、そして生態系の多様性である。それぞれ、遺伝子の多様性、種の多様性、群集の多様性と、生物学がこれまで対象としてきた個体、群集、生態系に対応したものである。曖昧だった概念は次第に精緻になり、多様性の起源や多様性の安定性の研究なども進展している。

生物学の内側から、こうした研究の進展を紹介するのも大切だろうが、それは誰か他の人にやってもらおう。ここでは、生物学の外側から再び生物多様性を見てゆこうと思う。

生物学的研究は進展しても、生物多様性には大きな課題が残っている。なぜ大切なのか、という問題である。生物多様性の重要性を一般社会に浸透させるにあたって、生物学者が一番頭を悩ましたところだ。

この悩みをみごとに解決するのが「生態系サービス」という考え方である。

われわれが「生物」からさまざまな利益を得ている、というのはわかりやすい。いくつも例が浮かぶだろう。生物がいない生活など考えられない。まず食物。農産物から水産物、そして家畜。ほかにも森林からの木材。今は合成繊維が多くなっているが、それでも植物繊維も重要である。この本の紙の原料も植物である。生物からつくられる薬も多い。いくらでも思いつくだろう。課題として残るのは、直接役に立たない「生物」の保全に人々の関心を向けることである。

そこで生物学者は生態系機能と生態系サービスを持ち出してくる。生態系は、内容的にはほぼ自然といってもよい。生態系も、生物学用語だが、生物を生物多様性としたのと同様のいいかえである。「みなさん気がつかなかったかもしれませんが、われわれは生物多様性が支えている生態系から、実に多くの恩恵を受けているのです」と明らかにする概念である。自然の恵みを、学術的にいいかえれば「生態系サービス」となる。

「生態系サービス」は、間接的に役に立っている生物や一見役に立たない生物も重要な役割を果たしていることにも焦点を当てている。よくできた概念であり、自然がいろいろなところでわれわれの役に立っていることを、あますことなく網羅し、整理・分別している。先にあげたようなわれわれが生物や自然から直接受けているサービスは「供給サービス」という範疇にまとめている。食料や燃料、繊維、水などいわゆる「資源」にあたるものと考えていい。

ほかにも、「文化的サービス」というのがある。

美しい花を見て心が和むことや、珍しい昆虫を見て「生き物は素晴らしい」などと思うことがそうである。精神的・知的な刺激を受けることも生態系の文化的サービスのひとつに数えられる。だから俳句をたしなむ人に、「あなたの句も生態系の文化的サービスのおかげです」ということができる。エコツーリズムなども生態系の文化的サービスに基づいているということになる。美しい自然はたしかに価値があると思う。

また生態系の概念は生物だけでなく、生物をとりまく非生物的環境、土壌とか水とかも含まれることから、より広い人間へのサービスがあるのだ、と主張できる。生態系の諸機能は、人間への恩恵という側面から、ほかにも「調整的サービス」「サポート的サービス」と分類されるものがある。調整的サービスは、たとえば森林が二酸化炭素を吸収することで気候を調整したり、水循環において洪水を抑えたりするサービスのことである。サポート的サービスは、土壌を生成や栄養循環の場として、生態系の基盤を生成・維持することである。

こうした生態系サービスを支えるのが生物多様性である。生物多様性は、生態系サービスという考え方と組み合わさることで、人に役に立つという側面がわかりやすく強調され、曖昧だった価値が明確になる。さらにその価値を金銭換算すればいっそう効果的である。

生物多様性と生態系の経済価値は、すでに試算が行われている。地球全体の生態系サービスの経済価値の合計は、全世界の年間ＧＤＰの〇・九倍から三倍に達するという。ほかにも森林の経済価値や、流域単位での生態系サービスの経済価値を推定する研究が次々と行われている。生態学と経済学が共同戦線を張っているかのようだ。

容易に想像できることだが、これは簡単な作業ではない。供給サービスはまだ計算しやすいだろうが、文化的サービスや調整サービスとなると困難が伴う。無限の価値があるものに、経済評価を試みることが無謀なのかもしれない（Toman 1998）。

それでも、生態系と生物多様性を積極的に経済評価しようとしている。二〇〇八年にドイツ・ボンで開催された生物多様性条約第九回締約国会議（ＣＯＰ９）の閣僚級会合において発表された「生態系と生物多様性の経済学」（中間報告）と題する報告書がそれである。自然の価値査定の欠如が、生態系の劣化と生物多様性の現象の原因とまで言い切っている。

この報告書が参考にしているのがスターン報告である。二〇〇五年、英国政府は、世界銀行の主席エコノミストであったスターン博士に、気候変動に関する知見と経済的含意についてのレヴューを依頼した。その報告書がスターン報告で、気候変動をそのまま放置すれば、世界経済は二度の世界大戦と世界恐慌に匹敵するほどの影響を受けると警鐘をならした。

その一方で、早期に強力な対策を行えば、わずかなコストで莫大な経済損失を抑えることができる可能性も指摘している。費用対効果が大きいことから、世界中の政策決定者が積極的に温暖化防止政策に乗り出すきっかけとなったとされる。

同様に、生態系と生物多様性に関しても、経済評価と対策の費用便益効果を明らかにすれば、今後保全に大きな影響を及ぼすことができるかもしれない。つまり「生物多様性が毎年△%減少している」といっても無関心な人が、「生物多様性を基盤とした生態系サービスには、米ドルにして三三兆の価値があるが、毎年その△%が失われている」と説明すれば、身を乗り出してくるだろうし、「わずかなコストでそれを抑えることができるかもしれない」と付け加えれば、本気になって対策を考えようとするかもしれない、ということである。再び強調しておこう。物は言いようなのだ。

保護地域と生態系サービスと生物多様性の保全にかかわるコストは小さくてすむ可能性があるようだ。毎年四五〇億米ドルの投資で、五兆米ドルに値する保護地域の生態系サービスを維持できるとする研究もある（Balmford et al. 2002）。わずかな費用で経済価値の高い生態系と生物多様性を守れる。だったらなぜそうしないのか。各国のリーダーに強く訴えかけることができる。

そのためには、科学的に生物多様性の価値を算出する適正な方法を検討し、経済評価の枠組みを導き出す。そのうえで、実現可能な対策を提案し、その費用と便益を評価する。生物多様性の損失と保全のさまざまな影響を公平に配分することも考慮されなければならないだろう。技術的なことだけでなく実行に移すまでには多くの課題がある。「生態系と生物多様性の経済学」は、引き続き生物多様性条約締約国会議で議論されることになる。

しかし、そもそも生物多様性を、科学的な根拠に基づいてとはいえ、経済的に評価するだけでいいのだろうか。少し違った角度から、生物多様性の問題をとりあげる必要があると思う。文化の問題である。生物多様性の役に立つ側面だけ議論することは、その本意から離れてしまうことになりかねない。適切な言い回しが思い浮かばないが、「仏をつくって魂を入れず」ということになる。文化については、生物多様性条約締約国会議で中心的議題とはならないだろうが、ぜひ触れておきたいのである。

生物多様性文化の創出

個々の文化は、生物に対して独自の価値観を持っている。そこには得手不得手や偏りはあっても優劣はない。文化相対主義は、自己の文化で他の文化の優劣を測らないということだ。文化は独立したものであり、相互に参照できるものではない。それに、それぞれの文化は、その狭い範囲のなかで生きものと人の関係が調和していればよかった。

しかし今日の状況は異なっている。グローバリゼーション、すなわち世界の縮小と同時に「ひとつの全体としての意識の増大した」時代である。地球をひとつと認識することであり、その文脈のなかで地球規模の課題として「生物多様性」問題に焦点が当てられている。課題の解決にあたっては、個別な価値観ではなく、国際的な共通認識が必要となる。日本人の身近な生きものへの観察力、カダザン族の生物の動きから自然の兆しを読み取る術、ヌアー族のウシと自己を同一視する考えは、今日の生物多様性減少という地球規模の問題解決には、そのままでは役に立たない。

そもそも動植物に関する知識など役に立たないものである。レヴィ＝ストロースの言葉を引用しよう（レヴィ＝ストロース 一九七六）。動植物種に関する知識は「物的欲求を充足させるものではなくて、知的欲求に答えるものなのである」。役に立つからあるいは必要だから生物に関心を持ったのではないのだ。「動植物に関する知識がその有用性にしたがって決まるものではなくて、知識が先にあればこそ、有用ないし有益という判定がでてくるのである」。有用だから認識されるのではない。認識されたから有用になるのである。

だとしたら、いま必要なのは国際的に共通な生物多様性の認識である。共通認識のひとつの基盤は科学である。実際、近代にあっては、科学的事実によってのみ共通認識は裏打ちされると考えるのが一般的だ。温暖化防止に世界が危機感を持ち国際的に対策を講じようとしているのは、このままでは温暖化が間違いなく進む、という科学的事実が突きつけられ、さらにその被害がきわめて大きくなることが科学的に予測されているからだ。すでに述べたように、生物多様性についても生物学者・生態学者が中心となってその重要性と価値について、科学的な共通認識を形成しようと努力している。造語したのは意図的であっても、生物多様性が生態系の維持に欠かせないのは事実なのである。

もうひとつの共通認識の基盤は文化である。

文化は広い概念であり、行動様式や生活様式の体系全般を指すように包括的に用いるときもあれば、観念体系や象徴体系と見ることもある。自然とのかかわりでいえば、周囲の環境への適応の体系と見る見方もある。いずれにせよ、ある特定の集団で共有され、代々伝わってゆくものが文化である。

文化をことさら取り上げたいのは、この共有され、伝わってゆくというところにある。もしかしてわれわれは今「生物多様性文化」というものを構築し、それを世界中で共有し、後世に伝えていかなければならないのではないか、と思うからである。生物多様性の、とくにその経済的な価値は、科学的・客観的方法によって評価され、濃淡はあろうが世界中の人々の間で共有され伝わってゆくだろう。生物多様性条約の締約国会議はその方向で動いている。しかし、経済価値と馴染まない、そして科学的な知識の枠を超えた、生物多様性の価値と素晴らしさを、われわれはどのように伝えればいいのか、という問題はずっと残ったままである。

温暖化の問題と異なり、生物に関しては長い歴史のなかでそれぞれ別個の特別な関係を結んできている。生物は文化的存在でもあるのだ。先に紹介した生きものとのつきあい方の諸相は、生物文化ともいえるものである。せっかく築き上げた個々の文化を切り捨てる必要はない。既存のさまざまな文化のよいところを選び、そのうえにあらたな文化が創造できればいい。

とはいえ文化の弱点もある。

文化は、比較的小規模な集団内で、個人の経験と試行錯誤から得られた知識を交換しながら培ってきたものである。どうしても内と外ができてしまう。その内側では整合性が高くかつ内的変化に柔軟なシステムであっても、外向きには不合理な体系であり外部からの変化に対しては頑迷なシステムなのが文化である。文化はその外にいるものにとっては理解が困難となる。自分の文化でない文化は共有できないのである。先に紹介した生物文化も、長い生物とのかかわりの歴史のなかで生まれた、それぞれ疑いなく誇るべき文化ではあるが、ある特定の集団のみで、そして特定の時代においてのみ通用し、外に広がりを持たないのである。共有される範囲は限定的であり、科学の持つ普遍性・客観性に裏打ちされた強力な伝播力を持たない。

では、内も外もない全世界共通の「生物多様性文化」といえるものをどのようにして創り上げてゆけばいいのか。個別の民族や時代で通用する文化ではなく、科学的知識だけではこぼれおちる生物多様性の豊かさを、個別の文化を超えて共有できる仕組みである。

つながっているということ――「関係価値」

内も外もないクラインの壷のような文化を構築するのは、どうしたらいいのか。

まず内と外がつながっていることをしっかり理解する必要があると思う。

価値や経済評価ばかりに話がいってしまったが、生物多様性において重要なのは、すべての生物がつながり、かかわりあっている、ということである。個々の生物ではなく、そのつながりにこそ価値がある。多様性が大事だからといって、個々の生物を別個に、たとえば遺伝子だけという形で、保存しておけばいいというわけではない。生物多様性で大事なのはつながりである。

生物多様性でつながりが重要なのと同様に、われわれの生活においても、つながりが重要である。グローバリゼーションの時代、地域と地域の相互依存はますます強くなっている。われわれの生活は他の地域の人々の活動なしでは成り立たなくなっている。地球環境問題自体、地域と地域の関係が密接になってきたところから、認識されるようになったのである。

その環境問題においても、内と外という問題はある。内も外も問題の影響を受け、内も外も問題の発生に責任があり、だからこそ内も外も共同で問題の解決にあたらなければならない。われわれはそれをすでに『モノの越境と地球環境問題』という本で議論したが、彼らの問題が私たちの問題であり、さらにわれわれ共通の課題であることをはたして意識できるか、つまり問題の内も外もないという認識が共有できるかが、解決にあたって必要なことだと結論した。

同じことが生物多様性文化についてもいえる。お互いにつながっていることを理解し、実感できれば、内と外の間の境界はかぎりなくぼやけてくる。異なる文化の間で共通認識ができれば内も外もない。内と外を隔てていた壁は薄く低くなってゆく。

そのときに鍵となるのが関係性である。

生物相互の関係が重要なのと同じように、個々の文化と文化のつながりが重要だと認識することである。ひとつひとつの文化は直接生物多様性の保全には役に立たないかもしれない。しかしそれらを結びつけることによって、あらたな生物多様性文化というものを共通認識として持てるかもしれない。

文化多様性という考え方も、生物多様性を参考にして、ユネスコを中心に提出されている。どちらもただ多様であればいいというわけではない。ひとつひとつのつながり、つまり関係性が重要なのである。関係性に着目することにより、生物ではなく生物多様性、文化ではなく文化多様性という概念が生まれ、注目を集めるようになっている。そのよりどころとなるあらたな価値観を僕は「関係価値」と呼んでいる。すこし説明が要るだろう。

たとえば、人の生活・生存になくてはならないものがすべて高い価値を与えられているわけではない。よく引き合いに出されるのが水である。一方で、高い価値のあるものがすべて、人間の生活・生存になくてはならないものとは限らない。ダイヤモンドがその例である。

こうした矛盾を説明するために、「使用価値」と「交換価値」という説明原理がある。水は使用価値が高く交換価値は低い、一方、ダイヤモンドは、交換価値は高いが使用価値は低い、という具合に説明するのである。同じモノでも、使用価値が重視されることもあれば、交換価値が重視される状況もある。砂漠で遭難したときに水の交換価値はとびぬけて高くなるだろう。

世界中に市場経済がいきわたっている今日、モノの価値は使用価値でなく交換価値を重視し、価値判断を行うようになってきている。たとえばツクシ。春になれば土手でそれこそ佃煮にするほど取れたのが、今はデパートで売っていたりする。あるいはカブトムシやクワガタ。小学生の僕にとってクワガタは貴重だったが、値段がつくとは思わなかった。

使用価値は文化によって左右される。交換価値は、世界共通の価値である。そのため錬金術のようなことも起こりうる。中国・雲南のチベットの人々は、松林に生える多種類のキノコを食材にしている。マツタケもそのひとつだが、「靴の中と同じ匂いがするので」評価は低い。しかし、日本に輸出するルートが開拓されると、マツタケが価値を持つ。人々は季節になると夜明け前に家族総出で松林に出かけ、マツタケをあさる。彼らの食文化での使用価値は低かったが、日本市場と結びつくことで、交換価値が高くなったのである。

しかし、交換価値のみを評価基準にするのは問題がある。交換価値すなわち市場での価値を重視することで、われわれはもっと大切なものを失ってきてはいないだろうか。本来、後世に伝えてゆかなければならないものを、ないがしろにしてきたのでないだろうか。交換価値（市場価値）以外で、世界が共通して持ちえるあらたな価値。それを関係価値と当面呼んでおこうと思う。生物多様性が関係から成り立っていることに思いが及んだときに、気がついた価値である。さまざまなモノが結びつくことによって豊かになる価値と、緩やかに定義しておこうと思う。失って初めて気づく価値。生物多様性の価値を経済的に評価しようとするときに感じた違和感の正体である。

「関係価値」は考え方のひとつであり、今のところ理論的に整然と説明できるものではない。帰納的に事例を積み上げてゆくようなものである。具体例を出してゆくほうがいいだろう。

生物多様性に関連して「生物ブランド」という付加価値がある。たとえば兵庫県豊岡では「コウノトリの郷米」を売り出している。無農薬・減農薬の水田で、コウノトリの餌となる水生動物が棲みやすい環境を整え、コウノトリの野生復帰を支援するのである。あるいは宮城県蕪栗沼の「ふゆみずたんぼ」米。蕪栗沼は日本最大のマガンの越冬地だが、その周辺の水田に、冬でも水を張っておくことで安全なねぐらと餌場を提供している。稲作農家にとっては、冬に田んぼに水を張ることはなんのメリットもない。むしろ畦が壊れるなどのデメリットのほうが大きいのだが、その田んぼで取れる米に消費者が付加価値をつけることはできる。こうした価値が関係価値のひとつである。昔は当たり前だったものだろうが、切れていた水田と鳥の関係を再び結びつけることが、今日では価値の創出になるのだ。稲作と生きものをつなげ、生物多様性のあらたな価値を明らかにしている。

生物多様性に価値を認めることと、生物多様性に値段をつけることとは違うのである。生物多様性の価値についてはまだ十分に共通の認識ができていない。それをとりあえず「関係価値」と名づけておきたい。

生物多様性文化の構築を目指して

生物多様性の価値を認めることが生物多様性文化である。関係価値は、生物多様性文化を考える際のひとつの基盤になると思っている。

ほかにも、生物多様性文化の基盤となるものがある。

文化は、科学のように頭で理解するのではなく、経験のなかから習得してゆくものである。

だからこそ、すでに述べたように、世界に数限りなくある生物文化は、どれも地域、民族、時代に固有であり、科学のように客観的・普遍的なものではない。しかしある種の人間の特性は万国共通であろう。そのひとつが生きものに対する共感である。

共感に関しては、近年生物学や心理学の分野でめざましい学問的進展がある。動物行動学者のドゥ・ヴァールは、共感、すなわち「他者とのつながりを持ち、他者を理解し、相手の立場に立つ能力」が生得的に備わっていることを、人間以外の動物でも、説得力をもって示している。共感は確固たる人間の特性であり、「事実上すべての人間のなかで発達するから、社会はそれをあてにして、育み、伸ばしてゆくことができる」（ドゥ・ヴァール 二〇一〇）。共感を基盤に共通認識を広げてゆくことは可能ではないか。

共感は、そのまま感性に通ずる。レイチェル・カーソンのセンス・オブ・ワンダーである。自然の驚異に、まず目を見張ることが出発点になる。生きものへの共感は、これまで素晴らしい生物文化をつくりあげ、われわれの心と生活を豊かにしてきた。レヴィ＝ストロースが賞賛を惜しまなかった人類の特性である。

さらにいえば科学すらも豊かで実りあるものにしてきた。ノーベル生物学賞を受賞したバーバラ・マクリントックは、トウモロコシの「動く遺伝子」の研究にあたって、トウモロコシと一体化した経験を述べている。実験材料への生物的共感があったからこそ、学問の常識を打ち破ることができた。

しかし、生物多様性の場合、直接感性や共感に訴えることは難しい。生物ではなく生物の関係性に瞠目すること。生物のつながりの妙に気づくこと。これは直感的に理解できることではなく、知性の助けを必要とすることである。

生きものに共感するだけでは不十分である。守るという行為に向かうときには、共感という感情のほかに、理解という認知的プロセスがいる。生態学者が「生物多様性の保全」というときには、人類の持つ優れた知性に訴えかけようという意図が潜んでいる。そのために彼らは、最新の科学的知見を集め、どの生物も相互のつながりのなかでしか存在できないことを論理的に説明しようとする努力を惜しまないのである。生物多様性文化は、感性と理性がつくりだす文化である。

注

生態系サービスは、生態系が人間社会に与えている便益についてことこまかくあげている。なるほど生態系を構成する生物種が、直接・間接にわれわれの生活と生存のあらゆる面で役に立っていることがわかる。そのなかで個々の生物は生存価値があると認められる。

そのときふと思うことがある。生態系からさまざまな恩恵を受けているわれわれはいったい何者なのだ、という疑問である。生態系サービスの観点から、存在価値を問われていないのは人間だけでないか。逆に僕たちは生態系にどのようなサービスをするのだろうか。そもそもわれわれは生態系の外にいるのか内にいるのか。多様性が重要なのは、ひとつの生物だけでは生きられず、生物が存在するためには必ず他の生物の存在が必要である、という。生態系を構成するさまざまな生物種とわれわれは関係を持っているのでないか。だとしたら、考えなければならないのは、僕たちは他の生物のために、直接でなくてもいい、間接的、つまり相互作用の連鎖のはるかに遠い先でもいい、何の役に立っているのか、ということだろう。生態系から文化的サービスを受けているのなら、われわれの生物多様性文化が生態系になんらかのサービスを提供することも考えなければならない。

参考文献

ウィルソン、E・O　一九九九『社会生物学』坂上昭一他訳、新思索社。

エヴァンス＝プリチャード、E・E　一九九五『ヌアー族の宗教』上下、向井元子訳、平凡社。

窪田順平編著　二〇〇九『モノの越境と地球環境問題――グローバル化時代の〈知産知消〉』地球研叢書、昭和堂。

タカーチ、D　二〇〇六『生物多様性という名の革命』狩野秀之ら訳、日経BP社。

寺嶋秀明　二〇〇二「イトゥリの森の薬用植物利用」寺嶋秀明・篠原徹編著『エスノ・サイエンス』講座生態人類学七、京都大学学術出版会、一三一―七〇頁。

トーマス、A・J　二〇〇八『近代の再構築――日本政治イデオロギーにおける自然の概念』杉田米行訳、法政大学出版局。

ドゥ・ヴァール、F　二〇一〇『共感の時代へ――動物行動学が教えてくれること』柴田裕之訳、紀伊國屋書店。

日高敏隆編著　二〇〇五『生物多様性はなぜ大切か』地球研叢書、昭和堂。
レヴィ＝ストロース、Ｃ　一九七六『野生の思考』大橋保夫訳、みすず書房。
Balmford, A. et al. (2002) Economic Reasons for Conserving Wild Nature. *Science* 297: 950–953.
Constanza, R. et al. (1997) The Value of the World's Ecosystem Service and Natural Capital. *Nature* 387: 253–260.
Raven, P. H. and Johnson, G. B. (1994) *Biology*. William C. Brown Pub.
Raver., P. H. and Johnson, G. B. (1994) *Understanding Biology: Study Guide*. Brown (William C.) Co.
Toman, M. (1998) Why Not to Calculate the Value of the World's Ecosystem Services and Natural Capital. *Ecological Economics* 25: 57–60.

第2章

生物多様性とどう接していますか

辻野　亮

生物多様性と私のつながり

私は自然のほとんどない大阪の街中に生まれ育った。でも大阪城公園にあった林や人工の川でよく遊んだのを覚えている。シオカラトンボのヤゴを捕まえてはアゴを引っ張り出し、バッタを捕まえてはショーユを吐かせたりしていた。小学生のころは毎日のように大阪城公園や難波宮跡、草ぼうぼうの空き地で遊んでいた。夏になれば近所の公園で毎日クマゼミを捕ってぃた。近くではないけれど生駒山や六甲山に行っては山をうろちょろ歩いてきた。高校では登山部に、大学では山を歩くサークルに所属して、私にとって山を歩いてきたのは自然の流れだったのかもしれない。そんな私だが、生き物は好きだったけれども図鑑で調べてもよくわからず、近くに生き物のことを知っている人もいなかったことから、生き物のことを知る術はなかった。

私はずっと都市に住んでいたので、ふだん生物多様性のことをあまり意識することはなかった。日本に住んでいるほとんどの人が私と同じように、生物多様性をふだんは意識しないのではないだろうか。生物多様性というのはいったい何なんだろうか。思い返してみると、高校では物理・化学を選択していたこともあり、長い学校教育のなかで生物多様性のことは教えられ

写真１　屋久島で見たさまざまな生き物

てこなかった。そもそも生物多様性という言葉が世に広まっておらず、習うことがなかったのだろう。私が生物多様性という言葉を初めて聞いたのは大学二回生のころに受けた「生態学」の授業だったように思う。そんな私に生物多様性とのつながりはあるのだろうか。

とはいえ、大学の三回生になってからは琵琶湖の西側にある比良山に何度も行って、植物の名前をなんとか図鑑で調べて覚え出し、大学院に入ってからは屋久島の森林で生態学を研究し始めた。毎日のように屋久島の照葉樹林に入って野外調査をしているうちに、生き物が多様なことは身にしみていった（写真１）。

屋久島の生き物

屋久島には一五〇〇種にも及ぶ維管束植物（シダや草、木）が生育している。屋久島の植物は多様なだけでなく、世界中でそこにしかいない固有種も多い。太古の自然の残るこの島には、ヤクスギやヤクシマザル、ヤクシカ、照葉樹林、ランなどの、島を彩る生き物の魅力が存在する。まずはヤクシマザルに注目してみよう。

ヤクシマザルは日本各地に生息しているニホンザルのなかでも最も南に生息している亜種である（写真2）。ヤクシマザルは一年中輝きを失うことのない照葉樹林の森に生息して、樹木の葉っぱや果実、キノコ、昆虫など、じつにさまざまな生き物を食べて生きている。

ヤクシマザルを一年とおして見ていると、彼らがいつも何かしらの果実を食べて生きていることがわかる。ヤクシマザルが果実食動物といわれる所以である。彼らが食べる果実には、アコウというイチジクの仲間のように、一年中どこかで果実が実っている樹木もある。だが、ヤクシマザルは決して一種類の果実だけを年中食べているわけではない。たとえば六月はタブノキやヤマモモの果実をよく食べる。タブノキはアボカドの親戚で、とろりとした脂肪質の果肉が少し甘い。ヤマモモはジューシーで甘酸っぱく、非常においしい。関西では見なかったが、屋久島ではお店に並んでいるのを見たことがある。夏には果実が少ないが、アカメガシワの硬い種子をぱりぱりと音をたてて食べている。九月ごろからはマテバシイやスダジイ、ウバメガシなどのどんぐりが実り出し、順々に食べてゆく。スダジイは人間でもアク抜きせずに食べられるし、マテバシイも比較的アクが少なくて人間にも食べやすい。どんぐりが大きいので食べがいがある。秋はどんぐり以外にもさまざまな果実が実る季節である。本格的な冬になると果実は極端に少なくなり、秋の残りとアコウぐらいしか果実はなくなる。晩冬から春にかけては果実が実るのを待ちきれずにバリバリノキの果実を熟れる前から食べている。

このように季節を追って順々に実ってゆくさまざまな果実を、旬の間だけ食べているからこそ、ヤクシマザルは年中果実を食べることができ

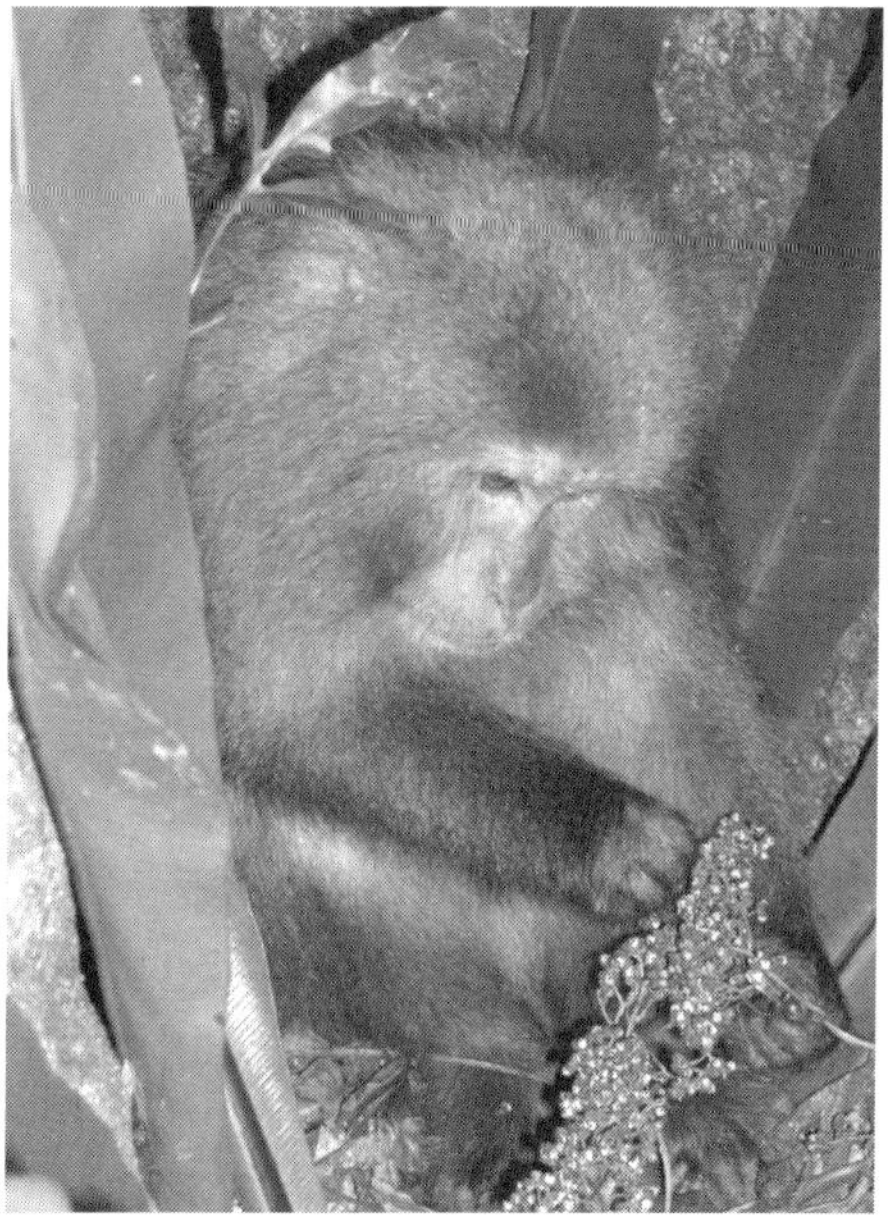

写真２　岩に着生したオオタニワタリに座ってカラスザンショウの果実を食べるヤクシマザル

写真3　マテバシイの樹下に現れたコテングタケモドキ

る。もちろん、果実の少ない冬にはアコウの果実がヤクシマザルの重要な食べ物になっている。

果実に比べてキノコは一年中食べられるということはない。屋久島で最もよくキノコが見られるのは梅雨のころと八月の終わりから九月にかけてである。台風の雨が降った後にはにょきにょきとキノコが生えてくる。ほとんどのキノコは一時的に地表にひょっこり姿を現し、それを目敏く見つけたヤクシマザルが瞬間的にキノコを食べる。たとえばコテングタケモドキは、毒キノコの多いテングタケの仲間で毒または食毒不明として知られるキノコである（写真3）。六月ごろにマテバシイなどの樹下にひょっこり出てきた大きなキノコは、またたくまにヤクシマザルに見つかり食べられてしまう。

昆虫はどうだろう。ヤクシマザルがセミを食べるところを想像できるだろうか。木の幹から飛び立ったセミをキャッチして口に入れる。セミは必死で鳴いてもがくのだが、その鳴き声は虚しく口のなかで消えてゆく。あるいは倒れて腐った木を見つけては、バキッバキッと大胆に音を立てて崩し、そのなかに住んでいるカミキリムシの幼虫や森林性のオオゴキブリなどを探して食べている。キノコと昆虫の量は、果実や葉っぱに比べたらそれほどたいした量ではないだろう。しかしそれでも（だからこそ）、彼らはキノコや昆虫を見つけると瞬間的に食べてしまう。きっと葉っぱや果実は彼らにとっての主食で、キノコや昆虫は嗜好品なのであろう。このように、ヤクシマザルは照葉樹林に生きるさまざまな生き物を食べて生きている。

では、キノコや昆虫はどうやって生きているのだろう。キノコは腐生菌と菌根菌とに大きく分けられる。腐生菌類は枯れた木の材や枯葉などを分解して生きており、菌根菌は特定の樹木と根を介して共生関係を持って生きている。腐生菌は森のなかで無尽蔵に生成される動植物の遺骸を「たべもの」にして生きているし、菌根菌は樹木の根が届かないような遠くにまで菌糸をのばして水分や栄養塩をとってきて、それらを樹木に渡すかわりに、光合成生産物をもらっている。このようにキノコが生きるためには植物や他の生き物が必要である。

昆虫にはいろいろな種類があり、それぞれに特異な生態を持っている。クワガタムシやカミ

写真4　ハマセンダンに訪れたニホンミツバチ

キリムシのように幼虫の間は木の材を食べる昆虫には倒木や枯木が必要だし、花の蜜や花粉を食べる訪花昆虫には植物の花が必要である。訪花昆虫にはミツバチ、ハナバチ、ハナアブ、ハナムグリ、チョウなど、さまざまな種類がいる（写真4）。材木なら一年中森にあるけれども、花はそうはいかない。ひとつひとつの植物の花はある一時期しか咲かない。訪花昆虫たちはそのような花を渡り歩いて蜜や花粉を食べて生きている。つまり、多様な植物が花を咲かせることによって訪花昆虫は生きることができるのである。逆の見方をすれば、植物は訪花昆虫によって受粉を助けてもらっているおかげで果実と種子を結ぶことができる。訪花昆虫が年中いるおかげで植物はさまざまな季節に花を咲かせて種子を結ぶことができる。さまざまな訪花昆虫がいることと、さまざまな花が咲くことは、両方が両方を必要としてつながっている。いろいろな虫がいて、いろいろな花が咲くからこそ、いろいろな虫と植物が生きていけるのである。

生かされているのは森の生き物ばかりではない。照葉樹林から里に目を移してみよう。人里の畑や果樹園でも、昆虫たちが受粉を手伝うことでいろいろな果実が実る。畑の作物には昆虫に花粉を媒介されるものが多い。キュウリ、トマト、ナスビ、数え出したらきりがない。屋久島の里ではポンカンやタンカンだって虫が来ないと果実ができない。いろいろな訪花昆虫たちの助けによっていろいろな野菜や果物が実ることで、人間ははじめて食べることができる。果実は植物にとって子孫を増やす大事な役目があるし、人間をはじめさまざまな動物にとっては大切な食べ物である。ヤクシマザルも人間も昆虫の恵みを多面的に受けて生きている。

里の田んぼにはたくさんのカエルが生きている。カエルのほかにも田んぼの水のなかにはびっくりするくらいたくさんの生き物が生きている。たくさんの微生物、それを食べるミジンコやユスリカの幼虫、それを食べるトンボの幼虫、なかには稲の害虫のウンカやイナゴもいる。それらを食べてカエルは生きている。さらにカエルを食べるヘビや鳥がいる。田んぼを中心とした里地里山では、食べる食べられる関係で生き物がつながっている。このような生き物のつながりで里地里山の生態系は形作られている。生態系とは多様な生物たちの織りなす多様なつながりが多種多様な生き物を育む世界のことともいえる。ここでは里山の自然を例にあげ

写真５　ヤッコソウ

たが、どの生態系でも同じことである。
生き物はつながって生きている。これぞ生態系である。森の生き物だけでなく、人間でさえ、生き物とつながって生きている。
ある一種がさまざまな生き物とつながって生きている場合もあれば、生き物のなかには自分の生きる術をまるっきり他の生き物に頼りきっているものもいる。屋久島や四国・九州などの温かい地方に生育するヤッコソウは、秋が深まった一一月ごろ、花だけが地表に出てくる多年草である（写真５）。それ以外の時間は完全に地中で生活している。ヤッコソウは光合成をまったくせず、付近に生育するスダジイの根に寄生することで生きることができる。ヤッコソウが生きていくためにはスダジイが絶対必要で、一緒でなければ生きてゆけないつながりを持っている。

生き物のつながりは狭い地域の問題ではない。屋久島は渡り鳥のメッカといわれている。夏に北へ向かう鳥、冬に南へ向かう鳥、そういう渡り鳥にとって飛行ルートの途中にあり、比較的高い山（一九三六ｍ）があってよく目立つ屋久島は、格好の休息地なのである。たとえば四月の田植えのころにやってくるアマサギも、そのうちの一種である。屋久島の田んぼの総面積はそれほど大きくないので、すぐに餌を食べつくしてしまって、本土に渡っていってしまうだろう。しかしながら、東南アジアなどから初夏になって渡ってきたアマサギが、屋久島の田んぼでひと休みしながら自分たちの餌を探そうとしても、カエルや虫が見つからない、なんていうことになったら、どうなるだろう。さらに渡っていった日本の田んぼでも、同じように農薬などで田んぼの生き物がいなくなっていたら、どうなるだろう。

長い距離を移動する生き物は渡り鳥だけではない。陸にだって海にだってたくさんいる。屋久島は太平洋域におけるアカウミガメの主要な産卵場となっており、北西部に位置する永田地区は上陸頭数が多い地域である（写真６）。梅雨のころになると、どこからともなくやってきたアカウミガメは夜な夜な浜に上がって産卵してゆく。四〇日ほどして卵から孵ったカメの子は、大急ぎで海まで泳ぎ、そのまま北アメリカ大陸のカリフォルニア半島やメキシコ沖に行き、大きくなるとまた日本へ帰ってきて産卵すると考えられている。このように、生き物のつながりの問題は日本だけの問題ではなくて、地球上全体の問題につながっているのである。あ

写真6　屋久島永田前浜に上陸したアカウミガメ

らゆる生き物は地球上でつながっている輪のなかに位置している。生態系というシステムのなかで生き物はある位置を占めている。生き物の絶滅は、その種が絶滅してしまうという危機のみに留まらず、生き物のつながりを介してさまざまな生き物に影響をもたらしてしまう。

地域固有の生き物のつながり

生物多様性ということばが初めて衆目に触れたのは、一九九二年にブラジルのリオデジャネイロで行われた、環境と開発に関する国際連合会議（地球サミット）が開催され、気候変動枠組条約と同時に生物の多様性に関する条約（生物多様性条約）が採択されたときであろう。そのとき初めて与えられた政治的な定義は、「陸上、海洋および

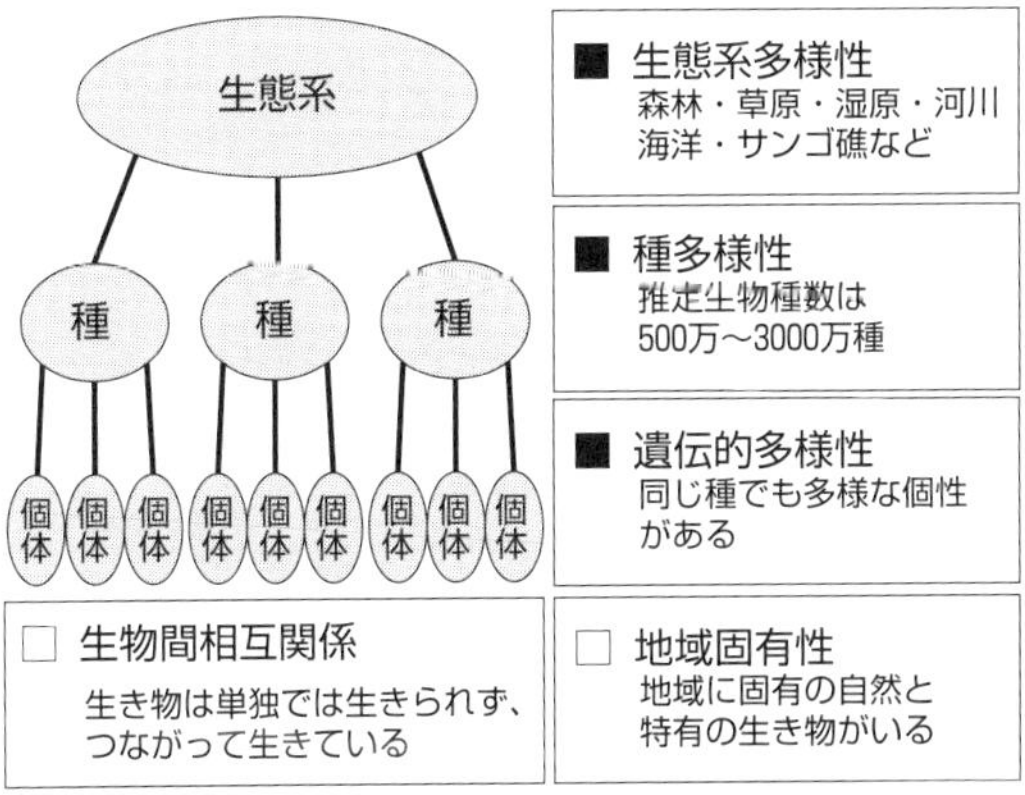
生態系
種
種
種
個体
個体
個体
個体
個体
個体
個体
個体
個体
■ 生態系多様性
森林・草原・湿原・河川
海洋・サンゴ礁など
■ 種多様性
推定生物種数は
500万～3000万種
■ 遺伝的多様性
同じ種でも多様な個性
がある
□ 生物間相互関係
生き物は単独では生きられず、
つながって生きている
□ 地域固有性
地域に固有の自然と
特有の生き物がいる

図１　生物多様性の階層と生物間相互関係

その他の水中生態系を含め、あらゆる起源を持つ生物、およびそれらからなる生態的複合体の多様性。これには生物種内、種間および生態系間における多様性を含む」とされている（図１）。いいかえれば、生物多様性とは、さまざまな生き物がいることだけでなく、ある地域において健全な生態系を維持している生き物の総体と生き物同士のつながりのことを示している幅広い概念である。単に種数や多様度指数などによって表される単純な概念ではない。

世界各地の地域にはそれぞれ独自の歴史があり、長い年月をかけてその環境条件に適応した生き物たちが生きている。しかも独自の生物多様性と生態系を築いている。「日本で生物多様性を減少させてしまったから、生物多様性の豊かな熱帯から輸入すればよい」という考えは通じない。私たちが日本のある地域で生物多様性を損失させてしまったからといって、外来生物でその損失分を埋めるということには大きな問題がある。すでにある在来種の生態系に異なった歴史的背景を持った外来生物が侵入することで、在来の生態系が大きく攪乱される可能性がある。

ある生態系に外来生物を導入すると、確かに外来生物が一種加わることで、種多様性は高まるかもしれない。でも影響はそれほど単純ではない。たとえば、外来生物が導入されたことにより、在来生物が捕食や競争、交雑によって圧迫されて、場合によっては在来生物が絶滅に追いやられることがありえるし、生息地を破壊する問題や、寄生虫・疾病の伝播などの問題も隠されている。生き物を本来の生息地ではないところに移送させてしまうと、移送された場所の生態系を乱してしまう。こういうことを考えると、地域をまたいで生物多様性を保全することは難しい。生物多様性を単純な指数だけで捉えてしまうと、こういったさまざまな難題を誘発することで、生物を絶滅の危機にさらしてしまう。

外来種による影響は生き物や生態系、生物多様性に対する影響だけではない。多紀保彦監修の『決定版日本の外来生物』のあとがきにはこう書いてある。

「昼下がりの霞ヶ関、官庁から程近い公園に立ち寄る。春爛漫の花壇を通り抜けて、サラリーマンやＯＬが憩う小さな池のほとりに出る。桜の花びらが吹き寄せられた岸辺では、ミシシッピーアカミミガメが甲羅干しをしている。水中のコカナダモの間でアメリカザリガニが採食している。オオクチバスも小さな群れで泳いでいる。日本の春はのどかだ。でも、何かおかしい……。そう、本書で記したように、これらはすべて北アメリカ原産の生き物なのである。となると、この池で感じる春は、「北アメリカの春」なのかもしれない。このような事態は都市公園の池だけでなく、全国各地の自然環境の中でいつの間にか起きている（後略）」（多紀ら 二〇〇八：四七六）。

外来種の世界的な拡大は景観の均一化を生んでしまう。外来種の侵入によって日本人が古くから慣れ親しんでその文化とも深く関係していた景観が、いつのまにか、じつはまるで違う生き物におきかわってしまっている可能性まで出てくる。

「ふる池やかはづ飛び込む水の音」という松尾芭蕉の俳句がある。この俳句を読むと誰しもきっとかすかな「ぽちゃん」という音を思い浮かべるに違いない。この句のなかのカエルはツチガエルという小さなカエルがモデルになっているらしい。しかし、今の日本各地の池を思い浮かべると、戦後に食料用として導入されたウシガエルが水に飛び込む「ぼちゃん」という音になってしまいやしないだろうか。そう思うと、どこか寂しい。

私たちは地域の生物多様性に依存して生活してきたのだから、人間の暮らしには地域の生物多様性を利用する文化が地域独自の歴史として刻まれている。地域の生物多様性は地域固有の文化を育む素地にもなっている。逆の視点から見れば、地域の生物多様性が歩んできた長い歴史には人間の痕跡も残っていると考えるのが妥当だろう。

たとえば屋久島では、大正末期までは奄美沖縄地方によく生えているリュウキュウイトバショウの繊維で織った芭蕉布が夏着物として用いられ、衣服の保存にはモロコシソウやクスノキを用いていた（湯本 一九九五：二〇六）。家を建てるのであれば、構造材には頑丈で重いタブノキやモッコク、イスノキを用い、流しには水に強いナギを用いた。燃料にはスダジイやウラジロガシ、アカメガシワ、アオモジ、ホルトノキなど、さまざまな樹種を薪として利用した。地域特有の植物を日常で利用することで、人々は集落近辺の森林を地域独自の二次林へと改変していった。私たちの暮らしは地域の生物多様性に依存していると同時に、地域の生物多様性に影響を与えている。したがって、地域の生物多様性の損失は、単に生き物が絶滅するという問題だけでなく、その生き物とつながっていた別の生き物や、じつは人間の文化にまで重大な影響をもたらしているのである。

生物多様性の浪費

私たちはグローバル化した社会のなかで地域の生物多様性に依存した生活から離れつつあ

る。そのため、生物多様性の消失と自然生態系の荒廃にはなかなか気がついていない。これまでいろいろな生き物によって成り立ってきた暮らしだが、今や生き物にかわって石油がエネルギーやモノを供給するようになった。生物多様性に直接依存しない生活が続くと、私たちは生物多様性がいかに大事であったかをつい忘れてしまう。

世界自然基金（ＷＷＦ）が二〇〇八年に発表した「生きている地球レポート（Living Planet Report）」には、地球の生物多様性の状況を指数にした「生きている地球指数（ＬＰＩ：Living Planet Index）」の変化が記されている（ＷＷＦジャパン 二〇〇八：四六）。生きている地球指数とは、世界各地の陸域や淡水域、海洋に生息する一六八六種の野生生物について、約五〇〇〇の地域個体群を調査して、その個体数の変化率をもとに計算しており、地球の生物多様性の状況を数値化したものである。ＷＷＦによると、二〇〇五年時点の生きている地球指数は、一九七〇年時点と比べると実に世界平均で二八％減少しており、とりわけ熱帯の指数は約五〇％も低下しているという。このことから、熱帯林の伐採やさまざまな開発、土地利用のあり方が、地球上の生物多様性に大きな影響を及ぼしていると推測されている（図２）。生きている地球指数の減少が、森林や海洋などの自然生態系の生物資源の使いすぎや、森林開発や海洋汚染などに因っているのは、いうまでもない。

生き物は自然の流れのなかで絶滅することが知られており、地球規模の大量絶滅事件が地質

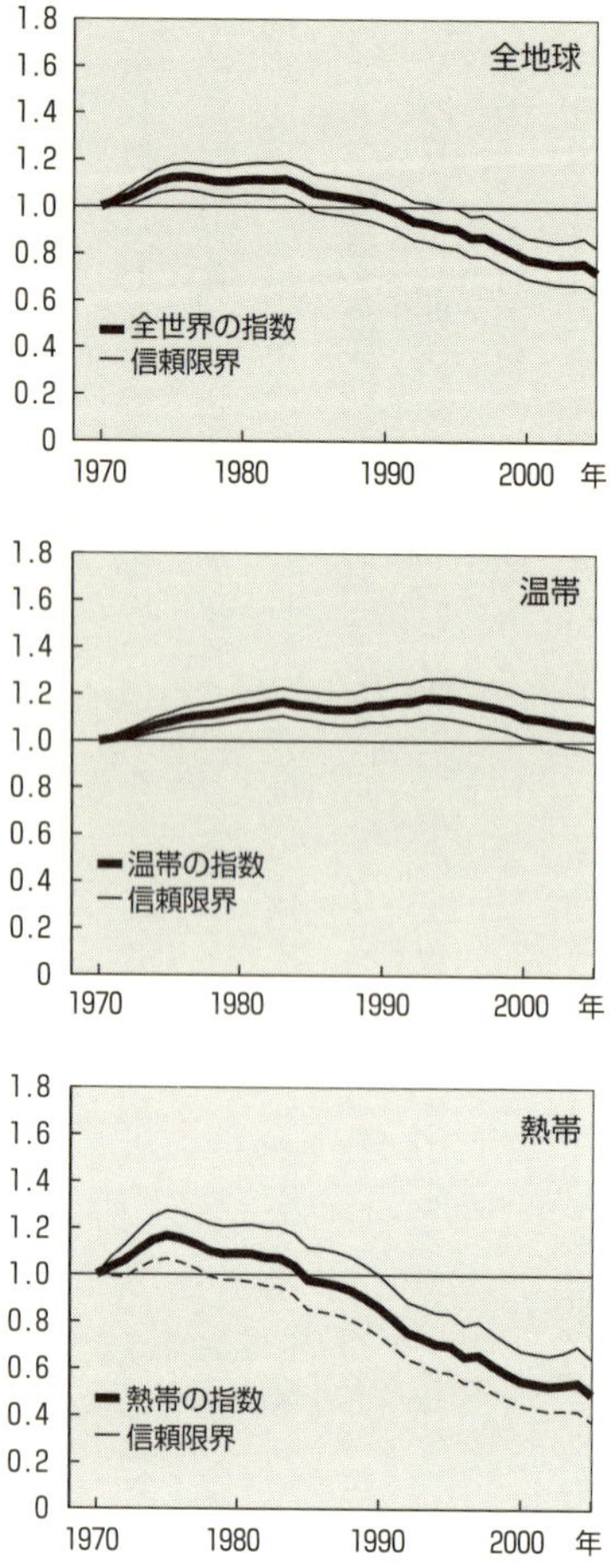

図2　全地球・温帯・熱帯の
生きている地球指数（LPI）

（注）　WWF ジャパン2008より描く。
指数は1970年を１とする。

学的な時間スケールの過去に五回ほどあったと考えられている。もっとも有名なのは恐竜を滅ぼした白亜紀末の大量絶滅である。これまで起こってきたことだからといって現代の大量絶滅を看過してよいというものではない。人類が原因となった今回の絶滅劇は、過去の絶滅スピードと比べると一〇〇倍も一〇〇〇倍も速いスピードなのである（ミレニアム生態系評価 二〇〇七：二〇九）。世界の人々の生物多様性との接し方は、「浪費」という言葉で言い表わせるのではないだろうか。

ドネラ・H・メドウズらの著した『成長の限界――人類の選択』には、人類が限界を超えてしまう「行き過ぎ」のことが書かれている（メドウズら 二〇〇五：四〇八）。それによると、人間が生態系と生物多様性を利用する際に行き過ぎてしまうと、生物多様性は徐々に悪化するのではなく、一気に崩壊するかもしれない。私たちが持続可能な社会を築くためには再生可能な資源を利用することが絶対必要であり、化石燃料にかわって再生可能なエネルギー資源や材料資源が望まれている。エネルギーは水力発電や風力発電、太陽光発電が期待されるが、石油のかわりの材料となる資源では再生可能な資源としての生き物が重要になってくるのは間違いない。生き物が絶滅するのを放置するのは最悪のギャンブルである（ウィルソン 二〇〇八）。もしもこのまま何もせず崩壊してしまったとしたら、その打撃や被害から回復するには何百年も何千年もかかるだろう。しかも元通りにはならない。ただし、行き過ぎているからといって必ずしも崩壊してしまうわけではない。意識的に方向転換し、過ちを修正することができれば、限界を超えた状況から引き返すことができるかもしれない。

生物多様性時代のリテラシー

私たちはしばしば忘れてしまうが、人間は動物であり適切な温度と湿度、清浄な空気と水を欲する。人間は自然生態系にまるっきり依存して生活している。私たちは日常生活を通して生物多様性や生態系とかかわっている。身の回りは何百何千という生き物であふれており、私たちはそれらの生き物とかかわって生きている。むしろ、生き物とかかわらずに生き物の恩恵を受けずに生きていくことは不可能である。私たち人間の暮らしは生物多様性から生み出されるたくさんの恵みによって支えられており、私たちには健全な生態系と生き物がかならず必要である。それは、衣食住だけでなく、文化、快適さ、安全、生きるための基盤をまるっきり依存している。こういう意味では人間は、生態系が提供する人間にとって有益な機能である「生態系サービス」にまるっきり依存して生きているといえる。このことを理解して正しく行動することができるだろうか。生態系が供給するこのようなサービスが、自然の働きによってもたらされ、地球上の細菌や動植物の豊かな生物多様性によって提供されていることは、最近まで正しく評価されてこなかった（バスキン 二〇〇一）。このことを私たちは理解できているだろうか。

　生態系サービスの価値は、現在すでに使っているサービスの顕在的な価値だけでなく、将来使うかもしれないサービスの潜在的な価値も有している。生物多様性や生物間相互作用によって涵養される生態系や生態系サービスが、あらゆる人にとって大事である。生物多様性によって涵養されてきた生態系サービスに私たちはこれまで依存してきたし、これからも依存し続けるだろう。次の世代も豊かに暮らしてゆけるように、私たちは生物多様性を残していかねばならない。

私たちが言葉を発して人とコミュニケーションをとるためには、文法を理解し、単語の意味を知らねばならない。さらに人と人とが触れ合うための社会的な知識も必要になる。そうでなければ他者と意思疎通しながら社会で生きていくことはできない。それと同じで、生物多様性の恩恵によって生きている私たちが、これからの時代に生き物とうまくつきあっていくためには、生き物を正確に識別してその性質を理解する力、さらにそれらを生かす知恵が必要になってきている。「言語により読み書きできる能力」をリテラシー（literacy）と呼ぶ。そこから派生して、「ある分野の事象を理解・整理し、活用する能力」を一般にリテラシーと呼ぶ。たとえば「情報リテラシー」や「コンピュータリテラシー」などである。現代のＩＴ社会で生きていくためにはコンピュータリテラシーが不可欠なように、生き物の恵みを大事にする社会では生き物に対するリテラシーを身につけなければならない。

私が中学生だったころ、社会で生きていくのに理科も数学も必要ないと言われたことがあった。実際の社会生活で理科や数学の知識が試されることは少なく、むしろ人とコミュニケーションをとるための国語や英語の能力の方が重視された。理科や数学の外形だけに注目してしまうと、ある意味そうかもしれない。しかし、理科や数学を学ぶことで論理的な思考や自然の法則に基づいた予測ができるようになり、だれしも人生をよりよく生きる哲学（方法）を学んでいるはずである。それに加えてこれからの時代には、環境問題に対応するために、理科や数学の知識が必要になってくるのは間違いない。私たちのさまざまな行為が生物多様性に対してどのような影響を持っているのかを私たちはよくわかっていない。だからといって、ひとつひとつの事例に対して、何がよくて何がよくないのか判断するのを放棄してはいけない。

生き物に大きく依存していた少し前の時代の生活は忘れられつつある。一九五〇年ごろから現在にかけて、そのような生活は石油文明に押され気味である。しかしながら、石油資源の枯渇問題や二酸化炭素の排出問題のことを考えると、人間はこれ以上石油に依存する生活を続けていくことはあまり得策ではないように思う。むしろ、昔のように生物資源に依存することが多くなるに違いない。そうなったときに生物多様性が失われていては、私たちの生活を将来どのようなものにしてゆけるのかという未来の可能性が狭まってしまう。だからこそ今、生き物の恩恵を私たちの心のまんなかに据えて、これからの時代に向けて生物多様性を主流化する必要があるし、生活を支える生物多様性や環境、人と生き物の現状のことを、誰もがもっと自分から学び、考える必要があるだろう。

多様性が好き

生物多様性のもともとの言葉は、生物学的多様性（biological diversity）であった。それをウォルター・G・ローゼンは bio-diversity と略し、そのうちハイフンが取れて biodiversity（生物多様性）となった。この言葉の発明者であるローゼンがいうには、もともとあった biological diversity から logical（論理的）を除いただけだそうだが、あんがい真理をついているのかもしれない。生物多様性の価値は、政治的・経済的・文化的・精神的・美的といった多くの価値基準によって支えられており、論理的（logical）な部分以外にも大きい意味がある。

そもそも私たちは生来、多様性を好む傾向にあると思う。たとえばレストランで食事を頼むときのことを考えよう。メニューを見てたくさん料理が並んでいたらどれにしようかなと、ちょっとうきうきして選ぶに違いない。逆にメニューに鯖味噌煮定食しかなかったとしたら、はじめの一回はいいけれども毎日お昼を食べにいくとなればちょっと残念な気持ちになるかもしれない。家族と行くお店を選ぶ際には敬遠してしまうのではないだろうか。しかしながら鯖味噌煮定食の店にもいいところはある。いうまでもないが鯖味噌煮定食には鯖味噌煮定食のよさがある。おそらく鯖味噌煮ばかりを毎日作っているので味はものすごくうまいに違いない。

しかも鯖味噌煮に特化しているので無駄なコストが抑えられていて値段もリーズナブルであろう。

このたとえ話は生物多様性にも通じる。さまざまな樹木によって構成される天然林とスギだけで構成される植林地を比較しよう（写真7）。天然林にはさまざまな樹木があって楽しいだろうし、樹木だけでなく草や昆虫、哺乳類、さまざまな生き物が生息しているだろう。一方でスギ植林地はどうだろうか。スギしか生育しておらず、しかもなんだか静かで単純な森林構造で他の生き物が生きているような気がしない。しかし、スギ人工林は材木を生産することに特化しているために、上質な杉材を効率的に収穫することができる。森林はさまざまな生態系機能を担っており、先ほどの生態系サービスの観点からいえば、天然林の森林は生物多様性保全の機能を担っている。けれども材木生産という供給サービスはそれほど担っていない。スギ植林地は生物多様性保全という点ではそれほどではないかもしれないけれども、材木生産という点で重要な役割を果たしている。

多様な生き物のいる天然林を好むときもあるだろうけれども、京都の北山杉がみごとに整列して生育する姿に美しさを感じるときもある。多様なものが好きと同時に、単様なものも好き。天然林も好きだけど、スギ林も好き。並木には桜や楓のようなとくに美しい樹木ばかりを使いたい。イネを効率よく育てるために、平地を一面田んぼに変えてしまう。そこにもともと

写真7　照葉樹天然林（上、屋久島）と整然としたスギ林（下、京都北山）。天然林は雑然としてさまざまな植物に加えてさまざまな動物が生息している。一方スギ林では材木としてのスギが一律に育てられているために幾何学的な美しさが見出される

あった森林の生物多様性は失われてしまうけれども、見渡すかぎりの水田という景観だって捨てたものではない。さらに付け足しておきたいのは、スギ人工林だからといって一律に生物多様性が低いわけではないことだ。適切に管理されて林床に光が入っている状況だと草がたくさん生育するので、それを求める動物も生息できるようになる。

科学者たちは生物多様性のことを科学的・論理的に伝えようと努力してきた。しかし、こんなことを考えてゆくと、じつは、科学的なことではなくて、むしろもっと感覚的なことに重点をおいてみてもよいのではないだろうかと思ってしまう。私たちは、桜の花には春を感じ、山の紅葉には冬の訪れを意識する。私たちは桜の花や山の紅葉を季節の移り変わりを確認するための指標として用いているわけではない。もちろんそういう機能もあるかもしれないが、桜が咲くのを見るとうれしいし楽しい。紅葉を見るときれいだなと感じる。存外、生き物が好き、多様性が好きというのは、人間すべてに当てはまるのではないだろうか。人間だけでなく、他の生き物だってそうかもしれない。そのことを科学者は科学的・論理的に説明することができていない。だからといって間違っているわけではないし、意味がないわけでもない。カブトムシの力が強かったこと、ヤゴのあごがすごかったこと、ヘビの肌が冷たくてスベスベで気持ちよかったこと、樹に抱きついて感じたぬくもり、夏になれば聞こえてくるセミの鳴き声、森に吹く涼しい風。生物多様性は特別なものである。現在、刻々と生き物は失われつつあり、一度失ったら同じものがよみがえることはない。私たちが慣れ親しんできた自然がなくなってしまうなんて、想像できるだろうか。

生き物が多様であれば、それを感じる人々の心もまた多様である。虫が好きな人がいる一方で、嫌いな人もいるだろう。だからといって、多様な価値観が衝突するようなことはないだろうかと心配するのは無用である。ここで述べたような生物多様性の意味や大切さがしっかりとしたバックボーンとして人々に理解されているならば、価値観が衝突してもお互いを認め合うことができるだろうし、一様な見方よりも多様な見方があることの方がむしろ必然といえるだろう。

生物多様性についての科学的な説明は多いけれども、科学的な説明ばかりが大事なのではない。「いろんな生き物が好きだから、楽しいから」というのは生物多様性保全のための大事な理由のひとつだろう。私は科学者で、生物多様性の保全に対して何らかの科学的に理解できる説明を与えようとする。けれどもそれだけでは足りないと、私だけでなく、内心いろんな科学者が思っているのではないだろうか。慣れ親しんだ地元の自然の大切さ、自然を壊してはいけないという責任感、生き物が好きだからという感情は、科学では論理的に説明しきれなかった、生物多様性がなぜ大切で、なぜ守らねばならないのかという問いに対して納得できる倫理的な説明を与えてくれる。

本能的にほかの生き物に関心を抱き、目新しさや多様性を好み、自然を愛してやまない人間の傾向を、生物多様性を長年説いてきたE・O・ウィルソンは「バイオフィリア（biophilia）」と呼んだ（ウィルソン 二〇〇八：二六九）。バイオフィリアは人間の理性と本能とがうまく調和しているので、私たちがほかの生き物を理解すればするほど人間自身にも大きな価値を見出せるに違いない（ウィルソン 二〇〇八：二六九）。楽しいと感じることから多様な生き物の世界に思いを馳せることはできないだろうか。

生物多様性を伝えることはできるのか

生態系サービスの経済的価値に始まって、顕在的・潜在的な価値を示すことで、あらゆる人にとって生物多様性が大事であることを論理的に説明することができる。誰にでも理解できる論理的な説明である。さらに「生き物が好き、多様性が好き、そしてそれらを失ってはならない」という感覚的な説明を付け加えると納得できる人は多いだろう。

私は二〇〇一年から二〇〇六年までのおよそ六年間にわたって、屋久島の西部地域を中心に、樹木と地形の関係をテーマにした野外調査を行ってきた。この豊かな森林と生き物の宝庫である自然は、ヤクシマザルをはじめとしてさまざまな生き物が研究されてきた。しかしながら、それらの研究成果が地元の人々に還元されることは少なく、地元の人々にはあまり知られていないのが現状であった。またその一方で、屋久島では少し前から、道路の建設やサルによる農作物被害の対策などをとおして、自然に対して人間がどのように対応するべきかが模索されているところだった。島の人たちが主体的に屋久島の自然と生活を両立させるためには、屋久島の自然について島の人たちが理解していることがとても重要であった。こういう状況で屋久島研究者の先輩たちは、自分たちの研究結果や屋久島の自然のことを伝えることに一役買おうといろいろ手を尽くし、一九九六年に屋久島スライド講演会というものを開始した。研究成果の報告と屋久島の自然についての講演会、野外観察会などの活動をしていた。

私が屋久島で野外調査していたころには、植物やヤクシマザル以外にもオオウナギやシマヘビ、ヤクシカ、コウモリの研究をしている人々がいた。そのなかで私も二〇〇二年と二〇〇四年に講演会で話す機会を得た。自分の研究内容を話すとともに、日ごろ思っていた生物多様性の大切さを屋久島の人に語る機会に恵まれて、「山の色は何色?」と題する講演を行った。一度目は地元の高校であった。

まずは屋久島西部の世界遺産地域の写真を見せて山の色は何色と感じるだろうか、と問うてみた（写真8）。緑に輝く森を見ると、山の色は緑色以外の何色でもないと思ってしまう。しかし屋久島は急峻でところどころに岩肌が見えている。そういうところは灰色である。屋久島

写真8　屋久島西部世界遺産地域に見られる山の色

がたまたまかと問われれば、たとえば北アルプスの高山では植物があまり生育しておらず、灰色の瓦礫の山である。山は季節によっても色が変わる。春はさまざまな植物が萌黄色や赤色の新しい葉を開き、花を咲かせる。まだすこし寒さの残る三月下旬にはヤマザクラが点々と森に咲き、こんなにも森にヤマザクラがあったのかと気づかされる。その後も、スダジイ（金色、四月上旬から五月下旬）、クロバイ（白色、四月下旬から五月上旬）、センダン（薄紫色、五月上旬から五月中旬）、アブラギリ（白色、五月上旬から五月下旬）、マテバシイ（金色、五月上旬から六月中旬。写真9）、シマサルスベリ（白色、六月下旬）などが、次から次へと咲き乱れる。冬にだってサザンカの白い花やリンゴツバキの赤い花が咲

写真９　屋久島西部の照葉樹林でマテバシイが開花している

く。屋久島の照葉樹林には紅葉する樹が少ないが、いくつかの落葉樹は秋になると赤や黄色に色づいてくる。さらに、南の島とはいえ、一一月下旬になると屋久島の奥岳は冠雪する。このように山の色は、季節や場所によっていろいろで、とても緑色だけとはいえないことがわかる。一見緑色に思えた山の色が、じつはいろいろな色によって彩られており、そこに多様な樹木が生育していることがわかる。

このような説明を最初にすることで、身近な自然に多様な生き物がいることを思い出してもらってから、生物多様性の大切さを理解してもらい、生物多様性を保全しようとするのであれば、まずは地元の自然を知ることから始めなければならないということを訴えた。

高校で講演を行ったときは、授業の一環だったせいか、興味のない生徒は話を聞いていないようにも見えた。私自身がまだ大学院生だったために、生態学にしても生物多様性にしても知識が浅く、生物多様性をわかりやすく説明する方法がよくわかっていなかったために、うまく説明できていなかったかもしれない。とはいえ、生物多様性の大切さをなんとなく理解してくれた生徒もいたようだった。

二度目は、地元の有志主催による自然観察会とのセットでの講演会であった。このときの講演趣旨は非常に明白で、屋久島のとある地区の森林が、どういう森林なのかを解説するというものであった。講演に先立って参加者たちと森に入り、そこにいる生き物をいろいろと見てまわる自然観察会を行った。そして講演会では「山の色は何色？」に加えて、いま見てきた森の様子やそこに生育していた植物の種数などについて説明した。二度目の参加者には年配の方が多く、慣れ親しんできた地元の自然に対しての興味が大きかったために、自然観察会と講演会の両方とも積極的に参加してもらえ、充実した会になった。

また縁があって、とある大学で講義を担当することになり、そこでもやはり生物多様性の大切さについて講義を行った。講義を受けたあとのレポートや感想を読ませてもらうと、いままで気づいていなかった生物多様性の大切さを理解することができたとみな一様に語っており、逆に生物多様性が大事ではないと考える学生は稀であることがわかった。しかしながら、自分の経験と生物多様性との関係を強く意識している学生は少ないようであり、一般論として「生物多様性は人間の生活にとって欠くべからざる大切な存在である」という言説を、言説として理解するに留まっているようにも思えた。

これらの経験から、論理的な説明は確かに人々に伝えることができるし、生物多様性がなぜ大切で守らねばならないのかを理解できる形で説明することはできるということがわかる。さらに「地元の自然」への親近感などの感覚的な部分に訴えかけることでも、生物多様性を伝えることができると思われた。しかしながらそれだけでは、生物多様性を生活の中心に持ってきて、そのことに真剣に取り組もうという行動までにはいたらないのではなかろうか。

理解・納得・実感

私たちの暮らしと生物多様性の不思議とのつながりは複雑であり、とても一言では言い表せない。頭で生物多様性の仕組みを理解し、心で生物多様性の大切さを納得することは、生物多様性がより大事になってくるこれからの時代には必要であるが、十分ではない。では、その時代をどうやって生きてゆけばいいのだろうか。生物多様性とどう接すればいいのだろうか。

私たちが性急に求める単純な答えにはきっと間違いが含まれている。一筋縄にはいかないのが自然である。現在の科学でわからない自然現象はたくさんある。自然の挙動にはいつも不確実性が伴い、思ったとおりに自然は動かない。歴史上私たち人間は、自然に対して何かをして、うまくコントロールできていると思っていたのに、結局のところ思わぬしっぺ返しを受けたことが何度もある。今もその繰り返しの途上にある。その過程で里山の林や草地を上手に使う技術や制度を身につけて持続的に利用してきたし、地域固有の自然に対して相応の文化を発展させてきたのである。そう考えると、毎日の暮らしのなかで私たちの生活が生態系や生物多様性とどう関係しているのだろうと考え続けることによって、よりよいかかわり方が見出されるのではないだろうか。

相手は自然である。何がどう動くかわからない予測不可能な相手である。人工的な社会に生きている現代の私たちは、科学で自然の一部を切り出して単純化し、わかった気になる。しかし果たして、生き物のDNAがわかれば細胞がわかり、細胞がわかれば生き物がわかり、生き物がわかれば生物多様性を理解できるのだろうか。そう思うのは間違いである。部分を積み重ねたからといって全体ができるわけではない。生物多様性の仕組みは生き物の集合だけではない。それらのつながりによって生態系が保たれている。部分が増えれば増えるほどつながりは階乗的に増え、恐ろしく複雑な生態系を形作り、とうてい知りつくすことなどできない。それでもなお知ろうとする努力と、何が起こるかわからない自然とうまくやっていくための忍耐力が要求される。

台風銀座といわれる屋久島で私が樹木の芽生えの調査をしていたころ、二〇〇四年の夏の終わりに台風がやってきた。台風があけて、まさかまさかと思いながら調査地に行ってみると、その大雨のせいで調査地の五分の一が土石流に持っていかれてしまった。調査をしていると、自然の理不尽な仕打ちに合うこともしばしばだが、それでも我慢づよく研究しなければならない。毎日の生活でも同様に起こる自然の理不尽な仕打ちに我慢する忍耐力を身につけていかないといけない。

理解と納得は、いろいろな説明を聞けば得られる。しかしその説明がすべてを表しているわけではない。だからこそ、現場での実体験こそが、限られた理解と納得を得てもなお必要なのである。肌で触れるように生物多様性を実感することを大切にしてはどうだろうか。森や海に入って生物多様性を五感で感じる。日々の自然の移ろいを記録にとどめる。地域で採れた旬の産物を食べる。まずはそこから始めてはどうだろうか。どんなに自然と離れたところに住んでいる人だって、毎日食べるものは生き物である。生物多様性は食べ物や食文化のバラエティを生んでいる。

都市に生きていると、生き物の変化が見えにくく、そういう変化に対して鈍感になってしまう。季節感や地域の自然に対して鈍感になってしまうがゆえに、社会や文化の効率化を進めていくうえで邪魔で雑多な生き物や文化の多様性を排除して、どんどん画一化してしまい、結局のところ多様な食材で作られてはいるが、どこでも食べられる季節感の薄れた食事を欲してしまう。それでは自然が発する生物多様性危機のシグナルの正確な意味を見逃してしまう。たとえ都市生活者であっても自然を実感することが必要だと思う。

ここがスタート地点である。問題はその先にある。生物多様性を理解するための自然観察会を行ってみると、自然と触れ合うことで自然を実感して理解・納得することが目的であったはずなのに、いつのまにか自然と触れ合うこと自体が目的となってしまう。手段が目的にすりかわってしまって、その先にはなかなか到達しないということがよくある。自然と触れ合うことで何かに気づくことができても、その先の知識や自然の理不尽さ、もっと根源にある人間文化を追求するまでにはいたらない。自然と触れ合うだけの自然観察会は森林浴やレクリエーションと同じで、生態系の文化的サービスを享受しているだけにすぎないのではないだろうか。生物多様性の危機は私たち一人一人に問いかけている。これに応えるのは容易ではない。表面的に応えるだけでなく、もっと根源的な人間文化や社会経済システムから発生している本質を追及することを忘れてはならない。

生物多様性の意味や大切さを頭と心で理解し納得したうえで自然と触れ合えば、生物多様性の危機というものがどこか遠くの国で起こっている他人事ではなく、自分自身の今と未来を左右する危機であると実感を持てるのではないだろうか。そう考えると、これからの時代には、私たちの生活を支える地域固有の生物多様性や自然の姿、さらにそれらに依存してきた地域の文化のことを、誰もがもっと理解・納得・実感する必要があるだろうし、分かちがたい地域の自然と文化を一生涯にわたって学びつつ、世界的視野に立って生物多様性が将来にありえる未来の可能性を広げていかねばならない。

自然から切り離された都市で生活する人口が増えるにつけて、私たちと生物多様性との接点は薄くなってゆく。都市からは自然が失われ、わずかに自然の気配がする街路樹には外国の樹木が植えられる。庭には世界中から集められた色とりどりの花が咲く。自然と直接かかわることはなく、食生活においても大量の燃料を投入して作られた多様な作物や畜産物が、大量の燃料を投入して食卓まで運ばれている。私たちは食生活で生物多様性を実感するが、じつのところ、どこでも同じものを食べている。見た目は多様であっても、地域にあったはずの本当の多様性は失われつつある。このような世界で、あなたは生物多様性とどう接していきますか。

参考文献
ウィルソン、E・O　二〇〇八『バイオフィリア――人間と生物の絆』狩野秀之訳、筑摩書房。

多紀保彦監修、財団法人自然環境研究センター編著　二〇〇八『決定版日本の外来生物』平凡社。
ＷＷＦジャパン　二〇〇八『生きている地球レポート二〇〇八年版』（URL：http://www.wwf.or.jp/activities/upfiles/WWF_LPR_2008j.pdf）
バスキン、イボンヌ　二〇〇一『生物多様性の意味――自然は生命をどう支えているのか』藤倉良訳、ダイヤモンド社。
ミレニアム生態系評価編　二〇〇七『国連ミレニアム　エコシステム評価　生態系サービスと人類の将来』横浜国立大学二一世紀ＣＯＥ翻訳委員会責任翻訳、オーム社。
メドウズ、ドネラ・Ｈ／デニス・Ｌ・メドウズ／ヨルゲン・ランダース　二〇〇五『成長の限界――人類の選択』枝廣淳子訳、ダイヤモンド社。
湯本貴和　一九九五『屋久島――巨木の森と水の島の生態学』講談社。

第3章 生物多様性を受け入れる生き方、考え方とは

神松幸弘

子どもたちにどうやって、生物の多様性について伝えるか。生物多様性を守るために次世代にむけて、その大切さを伝えることは大事なことだ。でも、もし、忙しい大人が、生物多様性をわかりやすく教えようとするあまり、本やお話だけで、

「生物多様性とは、たくさんの生物がつながりあって生きているということで、私たち人間のくらしもそれに支えられているのですよ。だから、大切なのですよ。」

と、要点だけかいつまんで教えたとしたら、子どもたちにとって、ずいぶんかわいそうなことだと思う。生物のことをあまり知らない大人と子どもが、そういうふうに理屈だけでわかったつもりになっても、意味があるとは思えない。それよりなによりも、まずは、子どもたち自身が生物にふれて、その経験のなかから生物の不思議さに気づいてほしい。その多様さをおもしろいなとか、すてきだなと感じる機会がたくさんあってほしいと私は願う。生物にふれることは誰にだってできるはずだ。その経験のなかで、一人ひとりがたどりつく、生物に対する愛情や大切さ、考え方があると信じている。

生物はどこでも会える

都会で生活していても、近所に公園くらいはあって、その片隅で石をはぐれば、きっとそこ

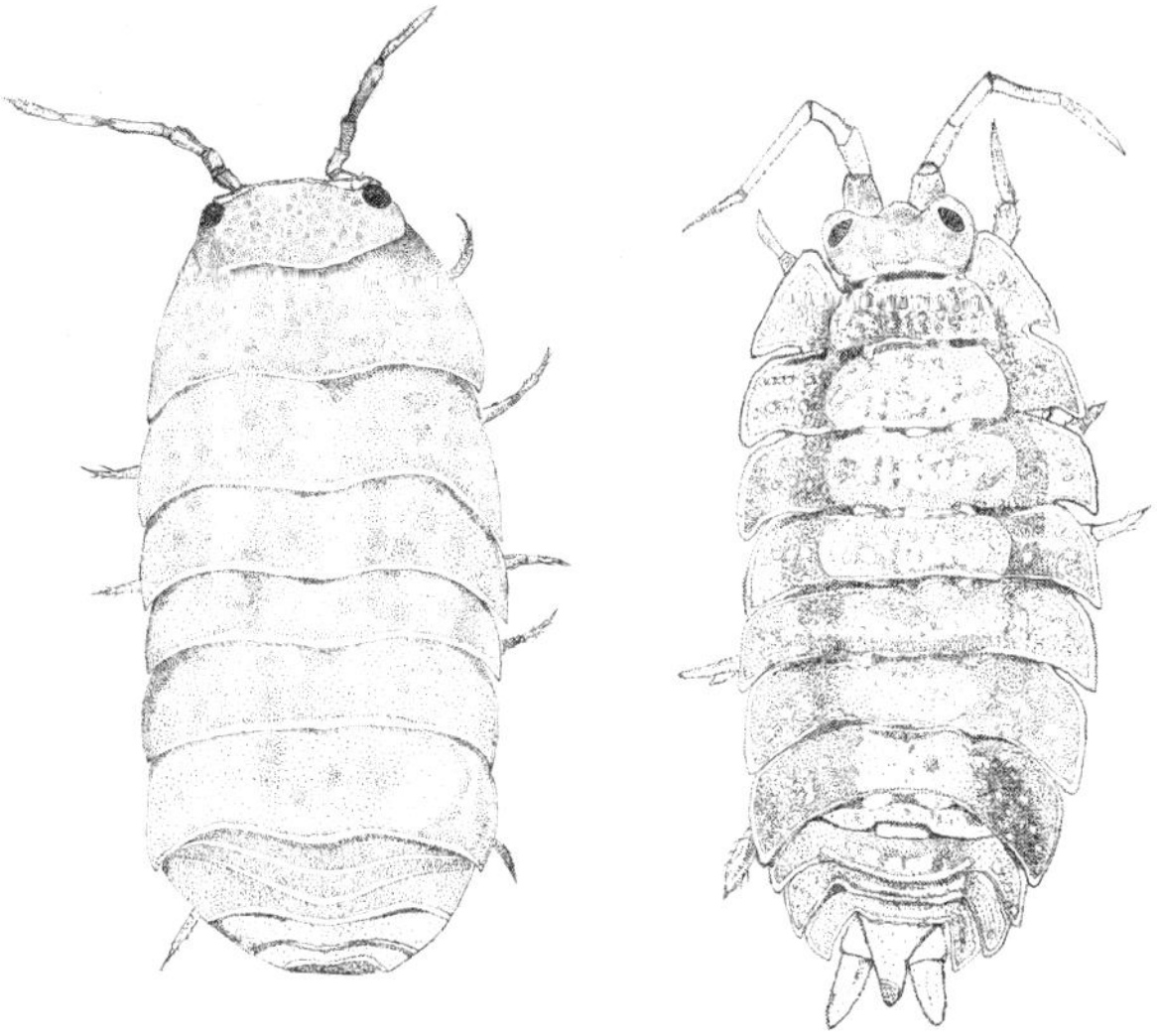

図１　ダンゴムシ（左）とワラジムシ（右）

には生物がいる。アリやダンゴムシ、ミミズなど、これらは小さな子どもたちでもすぐに出会うことができる、とてもありがたい生物たちだ。就学前までのほとんどの子は、ダンゴムシが好きだ。動きが遅くて攻撃をしてこないから子どもにでも容易に捕まえることができる。殻に被われた丈夫な体は、まだ手加減のわからない子どもたちに捕まれても潰れにくく安心。そして防御のために体を丸める動きが、子どもを魅了するのだろう。

ところで、ダンゴムシと遊んでいる子どもたちの様子をのぞいてみると、ワラジムシも一緒に捕えていることがよくある。ワラジムシは住み家も姿かたちもダンゴムシとよく似ている（図１）。けれども、決定的な違いがあって、ワラジムシは体を丸めない。このことを子どもに教えると、すでに知っている子もいるが、この二種が別物であることを理解するのに多少時間がかかる子もいる。なぜならダンゴムシにも個性があって、すぐに丸くなるものもいれば、活発に動いてなかなか丸くならないものもいるからだ。だから、ダンゴムシとワラジムシの違いは、丸くなるか、ならないかだけでなく、その微妙な形や色合いの違いを見出せないと識別できないのである。

次にダンゴムシのオスとメスの違いを尋ねると、知っている子どもの数は、ぐんと減る。色が濃くて斑点のないのがオスで、色が淡く、黄色い斑点があるのがメスであることを子どもたちに教えてやる。オスとメスの違いは、当然種の違いではない。どちらもダンゴムシだ。ダンゴムシとワラジムシは種が違う。ダンゴムシのなかには、オスとメスの違いがある。このいわば階層の異なる違いがわかるようになるには、ちょっとしたセンスが必要だ。けれども子どもたちは、何度も捕まえて見ているうちに自ずとその違いがわかるようになる。

分けることと集めること

ダンゴムシのオスとメスの違いはわずかかもしれないが、生物のなかには同じ種なのにずいぶん違う姿をしたものもいる。たとえば、犬の品種がそうだ。犬は世界中で飼われてきて、それぞれの国でさまざまな犬種が作られてきた。姿だけでなく、大きさ、毛の色や縮れ加減までも、じつにさまざまだ。さて、やっとしゃべれるようになったくらいの小さな子どもが犬を指さして、

「ワンワン。」

と、言う。不思議なことに子どもは、さまざまな姿かたちの犬がいるのに、それらを同様に犬だとみなすようだ。犬のなかに猫が混じっていれば、それを指さして「にゃーにゃー」などと猫を意味する言葉を発する。どういうわけか、そういう見分けがだいたい三歳になるまでにはできるようになる。犬と同じように四つ脚で、毛も生え、しっぽを持っているのに、いつのまにか、猫を犬とは異なる動物だということがわかるようになるのだ。

このように、さまざまなモノの集まりのなかから共通性を見つけ、仲間とそれ以外を区別し、同時に、仲間同士の違いも見分けるということが、私たちにはできる。そもそも、こういったとらえかたは、私たち人間のモノの見方、もっといえば世界の認識の仕方そのものではないだろうか。それは、とくに子どもの成長過程をみていると顕著に現れる。

子どもはしばしば、何か好きなものに熱中するようになる。たとえば、ある子は、いろんな機能や形状を備えた自動車や電車が好きになり、その名前や違いに詳しくなる。他にも赤白の

図2　工事現場の看板に描かれている人物（オジギビト）も多様性がある

（出典）オジギビト集会所ホームページより
（http://web.me.com/ojigibito/）

装束でどれもみな、同じような姿のウルトラマンの兄弟たちを同定して、自慢気に知識を披露する子もいる。もしその子に外国で作られたウルトラマン似の模型を与えたなら、瞬時にニセモノと見破ることだろう。コレクション趣味の多くは、興味のない人には、どれもこれも同じか、ばらばらにしか思えない（図2）。それらはみな、どこが同じで、かつ、どこに違いがあるのかわかるようになってはじめて世界が開け、おもしろいと感じるのだ。

生物の多様性と共通性

生物多様性も決して、たくさんの生物がばらばらにいることを指しているのではない。ある共通性を持った集まりのなかに含まれる違い、その多様さを指している。生物学では、生物間の差違（多様性）を見つけるのと同時に、多様にあるもののなかから共通性を探ることもする。つまり、生物の共通性と多様性の双方を行き来して、生物を理解しようとするのである。たとえば、分類学は、新種を記載することはもちろんその役割だが、生物の形態や遺伝子情報をもとに目とか科とか属といった分類群という仲間にまとめるのも重要な仕事である。生態学は、個々の生物の生態について記載しているだけではなくて、多彩な生物の有り様のなかから規則的なもの（共通性）を探してきた。

ただ、どちらかというと、これまで生物学は、「生物ってなんだ?」という命題を考えるためにか、あるいは生物学もちゃんとした科学ですよというためにか、生物の共通性のほうを熱心に探ってきたように思う。たとえば、本川達雄先生の『ゾウの時間、ネズミの時間』という著書で紹介されているように、ほ乳類は、それぞれ大きさや生き方はずいぶんと違っているようだけれど、みな二〇億回心臓を打つと、寿命が来て死んでしまうというのは、とてもすばらしい法則の発見だ。また、地球上に住むすべての生物はDNAという物質を細胞のなかに持っていて、祖先をさかのぼれば、動物も植物もみな、たったひとつの命の誕生にたどりつく。その発見もまた多くの人々に感動を与えた。感動ばかりでなく、そういった共通性は、ある予測に基づいて、工学や医学分野などさまざまなところに応用され、つまりは私たちの生活に役立つ技術のタネになることもある。そういった具合に、なるべく、いろんな生物にあてはまる共通性を知るほうが科学的で偉い研究だとされてきたと思う。

私は大学院生の頃、サンショウウオの生態について研究をしていた。ある教授（その人は、生物学者だけど、「私は、イモリとサンショウウオの違いなど知らん（どうでもいい）」とよく言っていた）に、

「君は、サンショウウオの研究をしているが、一種類のサンショウウオばかりに目をやって、もの好きの趣味で終わってはいかん。生態学一般に共通するテーマを選んで研究しなさい。」

と、薫陶をたまわったことがあった。だから、私も、サンショウウオの生態から、他の生物にも通じる自然の摂理を見つけて、できればみんなに称賛されたいと思ったりした。

とはいえ、イモリとサンショウウオだって、生きざまはまるで違っている。そういうことは、やっぱりおもしろいわけで、研究をする動機づけになる。一匹ずつ、個体だってそれぞれの行動が違っていて、多様であることも興味深い事実であり、それが動物行動学という分野を

発展させた。今日では、「生物多様性」という標語が世間に広まって、今度は反対に多様性ばかり関心が向けられているようにあるが、本来は共通性と多様性は表裏一体で、片方だけでは理解できないものである。そして、生物多様性のおもしろさとは、共通するもののなかに、しばしば見出される意外な多様性であり、その意外性との出会いが人を感動させるのではないかと思う。

オオルリの青

私の生物多様性の発見は、小学校三年生のときに参加した、ある探鳥会がきっかけだ。近所の公園で探鳥会が開かれるという新聞広告を見つけた父が、私を連れていってくれたのだった。私は、子どもの頃から生物が大好きだった。虫捕りや魚釣りのほか、両生類に爬虫類、草花の採集、化石掘りなどして、とにかくなんでも集めてきてはそれを飼ったり、標本にしたりと楽しんでいた。さて探鳥会では、案内役の専門家の先生がいた。その人は、ちょっとした鳥の影や鳴声でも敏感に気づき、すぐに鳥を見つけて、私に望遠鏡で見せてくれた。そうして、一つひとつ鳥の名前を教えてくれる。私は、ノートに鳥の名前を書いていった。すぐに一〇も二〇もの鳥の名前が並ぶ。スズメやカラス以外にも鳥がいるであろうことは知っていたが、一度にこれほどまでに見られるのかと感心したし、ノートが鳥の名前で埋まっていくことがとてもうれしく思えた。

そうこうしているうちに、

「ポールリ、ピィー、チチィー」

と、大きくて、澄んだ声がしたかと思うと、一羽の小鳥が私たちの頭上をサーッと飛んで、高い木の枝先に止まった。周りの大人たちがどよめく様子から、何となくただものではない鳥の出現という予感がした。先生の望遠鏡をのぞかせてもらうと、そこには、これまでにまったく見たことがない種類の鳥が映っていた。背中が、輝くような濃くて深い青色をしていて、反対にお腹は真っ白な鳥だった。しかも、望遠鏡越しに目と目があって、私ははっと息を飲んだ。その鳥はオオルリだと、先生が教えてくれた。夏に来る渡り鳥で、この公園では数年ぶりに現れた珍客だというようなことも聞いた。

私はそのとき、これは、大変なことになったと思った。自分の身の回りですら、こんな意外なほど美しい鳥がいるならば、世の中にはものすごい生物たちが満ちあふれているに違いない。そう、直感したのだ。驚きをもって生物多様性を発見した瞬間だった。それまでにも、色や形の変わった珍しい鳥やケモノは、図鑑や動物園で見ていた。けれども、それは、どこか遠い大陸や南国の島の生物たちで、自分の住む世界とはかけ離れたものと考えていたように思う。オオルリだって、知らなかったわけではない。しかし、この鳥を目の当たりにした経験から、私は絶大な影響を受けた。「自分の家の周りに住む生物は、だいたいこんなものだろう」と見当をつけていたものさしが、まったく通用しないことに気づいたのだった。

それから、私はすっかり鳥たちの多様性に魅了され、そのことで多くのことを学んだ。なんでもないと思っていたスズメでも、一匹ずつ模様が微妙に違っていて、なかには非常に個性的な個体もいることや、スズメには家のそばにいる普通のスズメと森に住むニュウナイスズメという別の種がいること、街や森、あるいは海や山へと違うところへ行けば、それぞれぜんぜん違った鳥の仲間たちに出会えることなどだ。

これらは今日では、順番に遺伝子の多様性、種の多様性、生態系の多様性と呼ばれている。それぞれに重要で、守るべきものであるといわれているが、その当時の私にとっては、むしろ、おもしろくて、すばらしいと思う方が先で、そのことがずっと大切なのだった。

生物好きの子を増やしたい

子どもたちに生物の多様なさまを実感できる機会を増やしたい。それは、未来の生物学者を産み出すきっかけになるかもしれないし、第一、自分が大好きな生物たちを大切にしようという人を増やすことにつながるに違いない。そのために、自分自身が感動したように、身近な自然のなかで、かくも多様な生物たちがいるという発見をしてもらいたい。私はいつもそう思っている。半分は、地球研の初代所長の日髙敏隆先生の受け売りなのだが、そんな理由から、ある日、日髙先生に、地球研所員として、小中学校の野外実習や出前授業に行きたいと申し出たところ、

「それは、いい。しっかりやってください。」

と、おっしゃってもらった。そこで私は、いまも学校の野外実習や出前授業へと出向いている。

全国の小・中学校では、子どもたちの環境への関心を高めて、主体的に環境を保全する意識を促すことを目的に掲げている。そして、理科や総合的な学習の時間などを使って、多岐にわたる環境の学習が行われている。そのなかのひとつに「身近な川の生物調べ」がある。学校近くの河川へ出かけて、水生生物の生息状況を調べ、河川の水質を判定する体験型の授業である。河川の水生生物を指標にした水質判定法は、汚水生態学を提唱し、応用生態学の礎を築いた津田松苗先生によって開発された。その後、その遺志を継がれた森下郁子先生をはじめとする多くの方の尽力によって、全国に広く普及した。現在は、小学生向けの簡易教材なども開発されている（表1）。それは、水質を「きれいな水」「少しきたない水」「きたない水」「たいへんきたない水」の四段階に分類し、それぞれの水質環境にみられる代表的な生物（指標生物）

表1　川の生物の水質判定（簡易版）

水質の階級	主な生物
きれいな水	カワゲラ・ヒラタカゲロウ・ナガレトビケラ・アミカ・ブユ・サワガニなど
少しきたない水	シマトビケラ・ヒラタドロムシ・コオニヤンマ・カワニナ・ゲンジボタルなど
きたない水	ミズカマキリ・タイコウチ・ミズムシ・ヒルなど
たいへんきたない水	セスジユスリカ・サカマキガイ・チョウバエ・アメリカザリガニなど

（注）絵合わせで虫を調べ、水質判定をする。
環境省（2006）を参考に作成。

を絵合わせで同定できるようにしたものである。この教材をもとにした環境省主催による子どもたちの調査は、全国で年間約七万人もの参加があるほどになっているそうである（京都府ホームページ二〇一〇年より）。

さて、私も子どもたちと川に出かけるのだが、川へ到着すると、子どもたちは大喜び。さっそく子どもたちは、生物を探しまわる。

「先生、先生、これ、なーに？」

と、ある子どもが捕ってきた水生昆虫の名前を尋ねる。

「ヒゲナガカワトビケラです。」

「ふーん。」

「イモ虫のような格好をしているよねえ。この虫は石と石の間に巣を作ってね、網状の巣を作るんだ。なんでかというと……。」

あまり、私の話に興味のない子どもたちは、話し途中

で次の獲物を探しに行ってしまう。そして、

「先生、先生！」

と繰り返し虫の名前を尋ねにやってくる。ほとんどの子どもがそうで、野外授業を始めた最初の頃、私は、始終虫の名前を教えてやりっぱなしなんてこともあった。

子どもは、虫を探すことは好きだが、その後は、さほど興味がなく、じっくり虫の観察なんてことを仕向けても、あまりうまくいかなかった。最後のまとめになると、出現した水生昆虫をもとに水質判定を行う。子どもたちは、それほど虫の印象は残ってないようで、しかたなさそうに、記録した種のリストをもとに、

「どうやら、この川は、「少しきたない」らしい。」

といった判定をする。この結果をもとに、どうしたらいいと思うかという学校の先生の問いに対して、

「みんなで、川を掃除しよう。川にゴミを捨てないように呼びかけよう。」

という子どもたちの提言がなされる。だいたいはそんな帰結にいたる。

川で学ぶことって何だろう?

私には、どうも、納得がいかない。誤解があってはいけないのでお断わりするが、私は川の掃除はたいへん結構なことだと思う。ただし、この授業の流れでは、私がねらいとしたかった、子どもたちに生物の面白さとか、素晴らしさとか、新たな発見といったことを学ぶ機会を与えるにはほど遠い気がする。

また、あるとき子どもたちにむかって、

「たいへんきたない水にすむ生物って、どう思う?」

と、尋ねたことがある。

「きたない虫だと思う。」

だとか、

「人が病気になったり、恐くて悪い生物がいると思う。」

という意見が聞かれた。これらの生物にも愛着のある私にとっては、たいへんショックなことだった。

きたない水や、たいへんきたない水にすむとされている生物は、川の下流や流れの遅いところに生息する生物たちだ。彼らのなかには、ゆるやかな水底に溜まった有機物（落ち葉や動物の死骸など）を食べたり細かくすることで、水をきれいにしている種も多く含まれている。生態系のなかで、彼らは、分解者という大切な役割を担っている。汚れた水のなかには、汚れを取り去る働き手がすんでいる、これが生態系だ。しかし、小学生の子どもたちに、そのことを理解させるのはまだ早いかもしれない。子どもたちは、たいへんきたない水＝悪い環境、たいへんきたない水にすむ生物＝悪い虫と理解してしまっているのだ。だから、

「たいへんきたない水にすむ生物とされているアメリカザリガニは、田んぼにいっぱいいるけど、田んぼの水って、そんなにきたないのかなあ？　そういう生物がたくさんいるところで作ったお米を食べているけど、大丈夫なんだろうか？」

そんなふうに、やや意地悪な質問を子どもたちにぶつけてみると、多くの子どもはどう答えたらいいのかと困ってしまう。生物指標を使った授業は、きれい、きたないとはっきり答えが出てくるのでわかりやすい長所を持っているが、反面、短絡的に物事を見過ぎてしまう危険も持っている。

パックテストという簡易水質測定キットを教材として用いる場合も、同様の問題を持っている。実際に川で、先生あるいは生徒がキットを使って、水のCOD（化学的酸素要求量）や、硝酸態窒素など汚染の指標値を測定してみるのだが、「汚れている」という答えが出てきてし

まうと、子どもたちには「本当だろうか？」などと疑う余地がなくなり、それ以上先のことを考えなくなってしまう。

「そういうことになるのは、教材の使い方がまずいのであって、たとえば、子どもに魚をつかませて、魚がたくさんとれた川と少なかった川があったとしたら、二つの川では、いったい何が違うのだろうと子どもに考えさせてやる。子どもたちが話し合う過程で、どうやら水質が関係しているのではないかという仮説が出てきたら、じゃあ、キットを使って確かめてみようか、というように手順を工夫して、教材を活かすことが大事である。」

そのように、椙山女学園大学教育学部の野崎健太郎先生は、教職を志す大学生向けの野外実習で教えておられる。

たしかにパックテストは、教材として使い方を工夫すべきところがありそうだ。ただ、私はそれだけでなく、川と向きあう姿勢として、「水といえば水質」そういわんばかりに、水生昆虫でも、パックテストでも、子どもの川への関心をお勉強として水質ばかりに向けさせていることも問題であると感じている。水の環境要素として水質はとても大事だ。しかし、他の環境要因にも同様に目を向ける必要があるのではないだろうか。かつて、五〇～六〇年前の日本の川は、今よりずっと汚染されていた。各地で公害問題となるほどに深刻だった。当時は、たしかに河川環境の第一の問題は水質汚染だった。しかし、現在の河川は、その頃と比べてずいぶん「きれいに」なっている。一方で、ほとんどの河川はダムや堰で断ち切られ、護岸により岸辺の形状が激変している。また、発電やそれ以上に農業用に多量の水をとられてしまい、季節によっては瀬切れ（河床が露出して、流水が途切れてしまう状態）を起こす川も出てくるほどになっている。さらに、ブラックバスなどの外来種によって、在来生物の生存が脅かされるなど、河川環境はさまざまな問題によって、生物多様性の危機に直面している。

川の授業を行おうと現場を訪れれば、その状況は明らかだ。子どもたちが危なくないようにと、水位の浅い場所をあらかじめ選んでおいても、当日行ってみると水が流れていないことがあった。自然の川では、浅く流れの速い瀬や、深くてよどんだ淵など、河床の形は変化に富んでいる。そして、それぞれに適応した生物がすみわけて暮らしている。しかし、街中でも郊外でも多くの川は人工的に平坦な河床に作り替えられてしまっている。なぜかそういう場所にかぎって、「親水護岸」とかいって、川に親しむために作られている公園などになっている。川が形を変えられて死んでいる。これでは、生物の多様性を実感させてあげることができない。時代とともに、河川環境は大きく変化した。子どもたちに川で教えなければならないことも、見直さなければならない時期にきていると思う。

生物の名前を教えることは大事なのだろうか？

川の生物の授業の際、子どもたちが捕まえた虫の名前をしょっちゅう聞いてくることを先に書いた。けれども、とくに虫に興味を覚えたから聞いているふうではないようだ。子どもたちを見ていると、ただなんとなく虫を見つけたから聞いている、あるいは水質判定をするので、記録しないといけないから教えてもらっているというふうに見える。本当にその生物の名前を知りたくて聞いている子は、（生物が好きで熱心な子は必ず少数はいるが）わずかだ。なかには、名前を教えてやっても、すぐまた同じ虫を捕まえきてまた名前を尋ねに来る子もいる。虫の特徴をつかんでいないから、大きさがちょっと違えば別の虫だと思ってしまう。何を仲間として集め、何を違いに見分けるのかわからず、ばらばらに見えてしまっているのだ。こんな状態ではリストを作っても、まるで顔と名前が一致しないまま、名簿だけ見せているようなものだ。

ほとんどの子どもは普段から虫捕りをしていないので生物の姿かたちから特徴をつかむことができない。だから、簡単な絵合わせの教材も使いこなせないのだ。私は名前よりも姿かたちを見てほしいのだ。足が長いとか、薄っぺらな形をしているとか、きれいな色だとか、虫たちの姿かたちは本当におもしろい。だから、これはなんという生物だろう？　そう思って、名前を知りたくなる。そのほうが自然ではないだろうか。

どんぐりで名前つけあそび

川の生物から話題がそれるが、生物の名前に関連した別の授業の事例を紹介しよう。私は保育・福祉の専修学校でどんぐりを使った「生活文化」の授業をここ数年行っている。どんぐりは、ブナ科のナラ類やカシ類の実の総称だ。京都は寺社や大学構内などにたくさんの種類の樹木が植えてあるので、どんぐりの仲間もすぐに十数種類ほど集めることができる。このどんぐりを教室に持ってきて、全部ごちゃまぜにして学生に与える。学生には、何種類のどんぐりが入っているか教えない。これを同じ特徴を持つ仲間同士に分けて、めいめい好き勝手に名前をつけさせるという作業をやる。四～五人で組になって行わせるとなかなかユニークな名前をつけるグループもあり、楽しい授業になる。このとき、たいへん興味深いのは、どんぐりの正確な種名をほとんど知らない学生たちが、ほぼ正確に分類はできることである。つけられた名前からも、それぞれのどんぐりの形態的特徴をうまくつかんでいる様子がうかがえる（図3）。つまり、種名を同定することなしに、分類する作業はできるのだ。

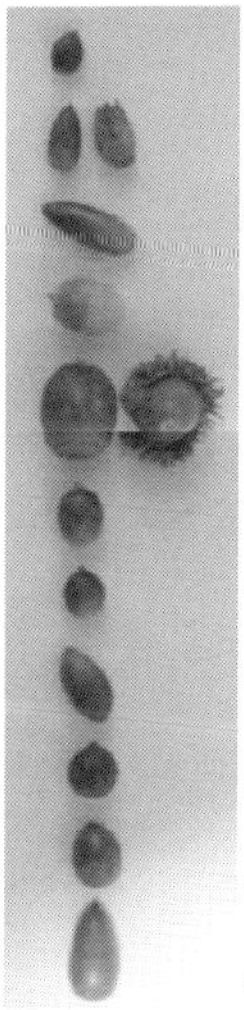

こつぶちゃん	コジイ
ちびとんがり	スダジイ
細長	コナラ
剛毛、うぶげ	ナラガンワ
ライオン、でぶっちょ	クヌギ
せれぶ、美人	イチイガシ
やんちゃ、縞ジロウ	アラカシ
ラグビー、フットボール	ウバメガシ
ごつごつ、縦じま	アカガシ
へこみ、ツルピカ	シリブカガシ
とんがり、弾丸	マテバシイ

図３　学生が行ったどんぐりの分類

（注）自分たちのつけた名前（左）に対応して見事に種名（右）が重なった。

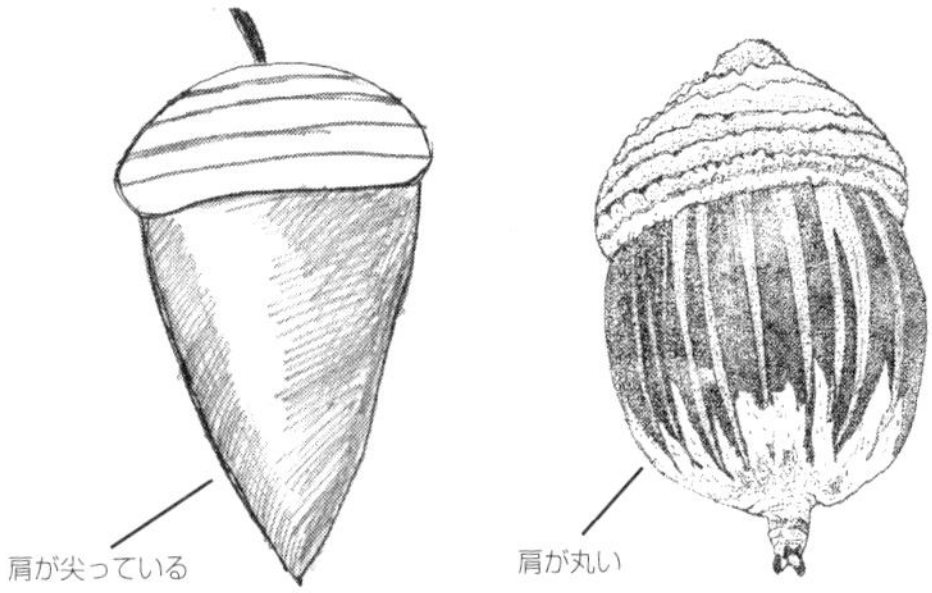

図４　どんぐりのスケッチ

（注）どんぐりを見ないで描いたもの（左）と、どんぐりの特徴を知ってから描いたもの（右）。いずれも同じ学生が描いた。

導いて見えてくる生物の多様性

学生が見事に分類できた理由について、少しタネを明かす必要がある。じつは、仲間分けをさせる前に、彼らには、どんぐりのスケッチをしてもらっている。このスケッチの授業が学生の分類能力を高めるのだ。スケッチは、はじめにどんぐりを見ずに書かせる。すると、図4の左のようなどんぐりが描かれる。これは、一般の人が持つどんぐりのイメージだが、形はどんぐりというよりもマタタビの実にずっと似ている。一回目のスケッチの後に、スライドを見せたり、板書をしながら、どんぐりの形について、くわしく説明をする。どんぐりの尖った先端は雌しべの柱頭（花粉がつくところ）のなごりであるとか、先端から横へ流れるカーブをどんぐりの「肩」といって、この曲線の具合で各種のどんぐりのシルエットが決まるといった解説をする。その上で、今度はどんぐりを実際に見ながら、二回目のスケッチをさせる。すると、先ほどとはまるで違う絵を描いてくれる。ほとんどの学生は、私が見て、なんという樹種のどんぐりか同定できるように描いてくれる。これは、学生たちがどんぐりを生物学的に見る目（私は〝どんぐりアイ（目）〟といっている）を身に付けたからで、これがあると、どんぐりの分類能力が格段に上がるのだ。

ある年に同様の仲間分けをしていると、例年に比べて、学生の分類が下手なことがあった。その学年だけが劣っていると思われる要素はほかになく、はじめは不思議だったのだが、カリキュラムの都合でスケッチに十分時間がとれないまま、仲間分けの授業をしていたことに気づいた。スケッチだけでなく、どういうふうにどんぐりを見るかという解説も不十分だったために、どんぐりアイを鍛えていなかったのだ。違いがわかるようになってもらうためには、そういった誘導も重要なのかもしれない。

「先生、どんぐりって、こんなにも種類が豊富で個性豊かなんですね。」

分類し終えたあとに、多くの学生からこのような感想をもらう。

私が教壇に立って、さまざまなどんぐりを見せながら、

「このなかには、十数種類ものどんぐりが含まれていますよ。」

と話して説明をするだけでも、どんぐりは多様だということを伝えることはできる。しかし、学生が、自分自身で見分けられるようになって、どんぐりが多様だということを実感するのとでは、雲泥の差があると思われる。

水生昆虫おはじきの開発

川の学習にどんぐりの授業の経験を活かせないだろうか。そう思って、実際に川へ出かける前に導入授業を行って、今度は「水生昆虫アイ」を育てる方法を考えた。

どんぐりと違って、水生昆虫は生きた材料を毎回用意するのはたいへんなので、樹脂封入標本を作製することにした。樹脂封入標本とは、ポリエステルやアクリルなどの透明な樹脂に生物を埋め込んだ標本である。水生昆虫の体は大小さまざまだが、大きい物でも三～五センチメートルほど。たくさんの標本を作成すると、おはじきのように思えたので、「水生昆虫おはじき」と名前をつけた（写真1）。

写真1　水生昆虫の樹脂封入標本。通称「水生昆虫おはじき」

この水生昆虫おはじきは、どこへ持っていっても大人気だ。本物と同様に、あるいはそれ以上に子どもたちを引きつける格好の教材となった。子どもたちは虫のおはじきを手に取り、上下左右の方向から観察することができる。これが、この標本の最大の利点だ。通常の乾燥標本だと壊れやすく、触らせてあげることができない。また、ホルマリンなどの液浸標本も、容器が破損して薬品がもれる危険があるために、扱いは細心の注意が必要だ。その点、樹脂封入標本は、丈夫で安全なので、教材として非常に適しているといえる。もうひとつのおまけは、虫に直接触れないので、虫嫌いな子どもが虫に近づけるようにするために役立つことである。

知らなすぎることによる〝超〟虫嫌い

虫嫌いな子どもは、いつの時代にもいる。どうしても虫や他の生物が苦手で、そういう子どもは自然のなかに出かける授業も好きではない。授業の際に虫嫌いな子をどうするか。授業を始めたての頃は、虫嫌いの子に無理強いをせぬように気を配るということに腐心していた。虫を見るのが嫌なら他のことをさせて、それなりに楽しめるようにしてやる。そのために誰か大人がついてあげるようにした。私は基本的に、野外の授業では、子どもの興味に応じてつきあえばよいと考えている。興味を持っている子どもは放っておいてもよいと思う。むしろ、こちらがあれこれいうよりも、自然が多くのことを教えてくれるだろう。そして、興味のない子、虫嫌いな子も、無理して触らせたりする必要もないと考えている。自然のなかでの遊び方、学び方はそれぞれであっていいと思うのだ。そばで見守るのが第一の役目だと、そう考えていた。ところが、最近はそういっておれなくなってきた。現代の虫嫌いの傾向は少し変だと気づいたからだ。

とある小学校の課外授業でのこと、道を歩いていると、一人の男の子の背中に小さな甲虫がとまった。すると、後ろにいた男の子が突然叫び出した。

「虫だぁー、たいへんだ、虫がついている！」

それからは、パニックだ。周りの子どもたちが飛び散り、虫にとまられた子は今にも泣き出しそう。私が虫を手で払ってやったが、その後も子どもたちは恐がって、帰りたがるばかり。虫に触った私まで避ける様子。

ほかにも、こんなことがあった。人家の生け垣のそばで、なにか小さな羽虫が群れて飛んでいた。すると男の子が、

「害虫、害虫！」

と騒ぎ出し、突然棒を振り回したり植え込みに石を投げたりした。それに呼応するように何人かがマネをして害虫退治?を始めるのだ。

「どうして、そんなに虫が嫌いなの？　どういうところが嫌なのかな？」

私は、その子らに尋ねたが、明確な理由はわからなかった。刺す虫がいるから嫌だとか、姿かたちが気持ち悪いだとか、飛んでいるのが向かってくるようで怖いからとかいうように、なぜ虫が嫌いなのかというイメージがあるわけではなさそうである。出前授業で水生昆虫の話をしようとし始めた瞬間に、

「虫、無理、無理。キモイー」と耳をふさがれたりしたこともあった。過剰ともいえるそれらの反応に、背筋がぞっとするほどショックを覚えた。

かくいう私の娘（七歳）も虫嫌いだ。小さい頃から、虫はもちろん、さまざまな生物に触れさせて生物好きにしようと育ててきた。ところが、本物の虫は苦手。ただ、生物の話は好きだし、図鑑を見ながら昆虫の話をしても楽しそうに聞いている。実際に自分の手で捕まえるのには抵抗があるけれど、虫の話まで聞きたくないというほどではない。また、ゴキブリは、家に住んでいて不潔であるとか、ムカデは毒を持っているから怖いとか、具体的に嫌いなイメージを持っている。

私が問題視しているのは、具体的な虫のイメージも持たずに毛嫌いしている状況だ。おそらく、彼らはあまりに虫を知らなすぎるのではないだろうか。虫がなんであるかということを実体験として持っていない。大げさな言い方かもしれないが、何か未知の生命体、新興感染症の

ような不気味な恐ろしさを感じている。私は、そのように分析する。知らないモノに対して、人は恐怖の念を抱き、さらには憎悪を膨らませる。私が出会った小学生も、もはや嫌いを通り過ぎて、虫を心底憎んでいるとしか思えなかった。

彼らは虫と触れあった経験もなく、虫についてほとんど何も知らないのだ。それから、近年の潔癖症ともいえる清潔志向も大きく影響している。小・中・高校いずれの生徒も、私の授業を終えると、最近建物の入り口に備えつけてあるアルコールの消毒剤を熱心に手に擦りつける。行列ができるほどだ。あまり多用していると手の表面の組織を傷つけ、自分自身の自然免疫を低下させるのではないだろうかと心配になる。

中学校の授業で水生昆虫の液浸標本を作ることがあった。こぼれたエタノールが手についた女子生徒が、

「これ、消毒になるんでしょ。だったら、ついたほうがきれいになっていい。」

と言い、それを聞いた他の女子生徒が、

「私にもつけて。」

と言い手に擦りつけている様子に、驚かされたことがあった。

私は、これほどまでに生物との接点を失い、虫も知らない子どもが増えていくことは、たいへんな問題だと思う。そんな人間が増えていって、生物を大切にして、共に生きていきましょ

うとか、生態系を保全しましょうとか、どうやって、考えていくというのだろう。私たちの身の回りには、探せばいくらでも生物がいる。一方で、それに気づくことなく、かかわりを持たずに暮らしていくことも、現代の都市生活では可能だ。虫を知らないゆえに嫌いになる。そういう子どもたちを放っておくのではなく、少しでも多く、出会いを作ることをまじめに考えよう。そう思うようになった。

虫嫌いの女子高校生も変わる

さて、虫嫌いと対峙するチャンスが訪れた。ある女子高校の自然科学部の生徒八名が地球研に水生昆虫の授業に来た。八名中、六名は大の虫嫌いという。ここで、水生昆虫おはじきの登場だ。カゲロウにカワゲラ、トビケラ、トンボのヤゴ、ユスリカ、ブユ、ガガンボなど多種多様な標本を封入したおはじきを取り揃え、机にばらりと広げた。

「このなかには、いろんな川の生物がいます。同じ仲間もいますから、仲間を集めて整理してください。」

私が言うと、

「ムリムリムリムリ、ぜーったい、無理ぃー。」

「意味わかんない。」

という返事が返ってくる。

「授業なので、我慢して頑張ってみてください。標本は触れても安全です。」

こうして、授業は幕を切った（写真2）。本当に超苦手な生徒が一人、机から五メートルほど離れている。ちょっと苦手な五名が一〜二メートル、仕方なさそうに残り二人が仲間分けの作業を始める。いやなムードのなか、授業が進む。なかなか作業が進まない生徒たちを気にせず、気持ちを奮い立たせて、私はおはじきを手に取り、虫の説明を始める。

「これは、トビケラの仲間。水のなかに住んでいる蛾のようなもので、ミノムシのように自分の巣を作って暮らす仲間がたくさんいるよ。ほら、これは、砂で巣を作っている。こちらは、葉っぱを器用に切って張り合わせた巣です。みんなも、仲間を探してみてね。」

さて、生徒の分類結果は、ほとんどでたらめ。トビケラと川エビを一緒の仲間にするなど、さんざんなものだった。これでは、生物たちがかわいそうで、あんまりだと思ったが、落胆していても仕方がない。ひとつずつ、ていねいに答え合わせをして、気を取り直し、生徒に長靴を履かせ、網を持たせて、次は、地球研のすぐ近くにある小川へと歩いて出かけた。

「それでは、川で実際に生物を捕まえてみましょう。私が先に手本を示します。川は流れているので、下流側に網をあてて、上流の水底を手や足で掻き起こして砂や泥ごと網に受けます。」

写真2　女子高校生との水生昆虫の授業風景。はじめは昆虫標本すら嫌がって、離れていた生徒たち（上）も、野外で生物に触れる経験を積んで次第にのめりこんでいった（下）

網にとった砂や泥を大きなバットに広げる。まもなく小さな生物たちがいっせいに蠢き出し、生徒たちはいっせいに悲鳴をあげる。ちょっと頑張れそうな子が川に入って網ですくい、苦手な子がバットに開けた虫をピンセットでつまんで袋にいれることにした。網ですくった獲物がバットに広げられるたびに、生徒たちは大騒ぎ。ひときわ大きなコオニヤンマのヤゴなどが出てきたら、みなのけぞってしまう。

ところが、慣れとはおもしろいもので、徐々に悲鳴は少なくなり、みな黙々と作業を進めるようになってきた。そして、

「これ、形がすごく変わってる。」

「これ、すばしっこくて、なかなかとれない。」

などと言っては、それなりに楽しんでいるようだ。途中で、川に入る係と交代する子も出てきた。おはじきで仲間分けをするときには決して近づこうとしなかった子も、いつのまにか作業に加わっていた。

実験室に戻り、捕れた虫たちを仲間分けする作業を行った。川に行く前とはすっかり変わり、みな楽しそうに仲間分けに取り組んでいる。そしてずいぶん正確に分けてくれた。とれた生物は自分たちの手で樹脂封入標本にすることにした。自分たちで捕ったということに思い入れもあったのだろうが、クラブの部長が、

「たくさんの虫がとれて、それもおはじきで見たものと、よく似た虫がいます。」と言った。

「そうだよ。だって、先に見せた標本の生物たちは、この川で捕ったんだもん。」

私の言葉に、多くの生徒が目を輝かしていた。

「こんな身近なところで、こんなにたくさん知らない生物がいるなんてびっくり。いろんな場所でとった標本だと思ってた。」

「ちょっとした川でも、思いがけないくらいたくさん生物がいるんだよ。どんなきたない川だって、そこに適したたくさんの生物が必ず住んでいる。一回すくった網のなかに、多様な生物が現れる。それが、川の生物を見ていておもしろいところなんだ。」

生徒たちはすっかり、水生昆虫がおもしろくなっているようだった。引率の先生から後に感謝状をいただいたが、余談ながら、引率の先生も虫嫌いだったことを後で知ったのだった。

神松先生
本日も、とても充実した実験をいろいろとしていただき、本当にありがとうございました。
たった四時間の中で、生物の分類から、川での採集、顕微鏡観察、樹脂標本作りと……本当に盛りだくさんで、有り難く思いました。

じつは今日参加した生徒は、八名中六名が虫嫌い（特に著しいのが○○と□□）で、少し心配しておりました……。

（中略）

そして、さきほど「先生、わたし今日で虫嫌い克服できました」と言ってきた生徒がおりました。「神松先生に直接お伝えしたら、きっと喜ばれたのに」と言ったのですが……どうも、照れくさかったようです（笑）。

（後略）

虫嫌いといっても、知らないだけでそう思い込んでいる子もいる。だから、はじめからあきらめてはいけない。少しでも知れば、少しだけ興味を持てる、もっと知れば、だんだん興味が増して、好きにもなれる。

「そう、友達だって、一緒だよ。よく知ればきっと好きになる！」

私は、魔法の呪文と称して、子どもたちとこの合言葉を大声で言い合いながら、生物たちとの出会いを続けている。

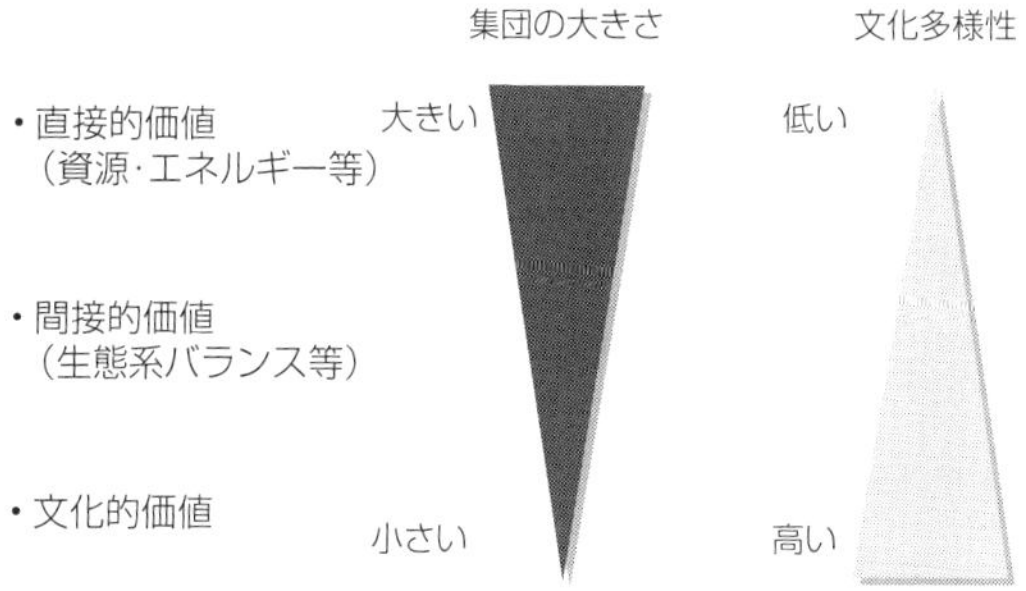

図５　生態系サービスの種類と、価値を認める集団の大きさと人間の文化多様性との関係

（注）人間の文化多様性が高いと、生態系サービスのなかでも文化的価値が増す。

「命は大事」だけでは守れない

「生物の命は尊いものです。自然を愛し、大切にしましょう。」と、私たちは学校で教育を受けてきた。小学校の生活科、理科そして道徳は、それぞれ関連し合いながら、生物を大切にする心情を育むように目標を定めている。低学年でアサガオやメダカを育てるのは、そういったねらいがある。では、どうして人間は生物を絶滅に追いやったりするのだろうか。さらに、「生物の多様性はなぜ大切か」という問いは、どうして生まれるのだろうか。私たちは、他の生物を犠牲にして生きていかざるをえないのも事実だ。「命は大事」の一言だけでは、生物を守る意義を見出すことはできないのだ。

生物の多様性は、人類の発展とともに急速に減少した。そこで生物学者は、生物を守るための科学的な説明を考えた。人間が生きていくためには、多様な生物が必要であるという論理を作った。「生態系サービス」とは、おおざっぱにいえば、生物が人間にもたらす、あらゆる恩恵をひっくるめたものである。生物多様性が増えれば、人間が利用できる生態系サービスの種類も増える。だから生物多様性は大切だ、という主張である。ただし、どのような恩恵を必要とするかは、個人や集団の価値観によって違うだろう（図5）。

たとえば、食料やエネルギーは、人間の生命維持に直結する。だから、その資源となる生物を守る必要性は、多くの人々が認めるだろう。また、生物の活動によって、気候や生態系のバランスが調節される機能も、近年の温暖化問題を契機に、国際社会のなかで理解が深まりつつある。だから、生態系やそのなかで重要な働きを持つ生物を、多くの人が大切にしようと考えるだろう。しかし、生態系における役割は、生物がみな一定に担っているわけではない。非常に役に立っていると思われるものもいれば、なんの役に立っているのかさっぱりわからないものもいる。そして、ほとんどの生物が、そういう、わけのわからない生物である。役に立つものから守っていけば効率がいいように思えるが、それでは、拾いきれない生物が出てくる。現実的な場面では、どの種を残すべきか、判断を迫られることがある。どんなに注意をはらっても、人間が選り分けて、結局は、よくわからないものを切り捨てるとしたら、それは、まるで自然のなかに動物園を作るようなものなのだ。そんなものは生物多様性を守ることにはならない。

また、文化的な生態系サービスといって、人間の文化に深くかかわり、その恩恵を与える生物や生態系も多くある。しかし、伝統文化や非常に限られた地域の人々の生活を支える生物を、みんなが守りたいと思うだろうか？。「そんなものなくても、いっこうに困りません。」という人もいるだろう。人間の生活や文化を維持する上で大切な生物はたくさんいるけれども、どれもが個別的である。したがって、世界の大多数の人々が大切さを理解するのは困難だ。なぜなら、人間の文化や価値観もまた多様だからである。

人間の多様性も生物の多様性

生物多様性とは、「すべての生物（陸上生態系、海洋その他の水界生態系、これらが複合した生態系その他生息又は生育の場のいかんを問わない。）の間の変異性をいうものとし、種内の多様性、種間の多様性及び生態系の多様性を含む」と、「生物の多様性に関する条約」のなかで定義されている。私たち人間も生物だから、人間の価値観、振る舞いや生き方もまた、ヒトとい

写真３　河原でカエルと遊ぶ。偏見を持たずにさまざまな生物と触れ合うことこそ、受容する心を育てる第一歩

う種にみられる変異であり、生物の多様性なのである。

私たちは、どうも他の生物と比べて、特別だという考え方や見方をしがちだ。生物多様性を守ろうというときに、それを人間以外の生物のことだと考える人が、多くいる。また、人間の文化の多様性を生物多様性と対比する見方もある。でも、文化の多様性だって、生物多様性の一部なのだ。人の「価値観の多様性」「個性の多様性」という言葉がある。それらは、なにかしら、みんなバラバラという意味合いを含んで語られることがあるようだ。しかし、ここでも多様性とは、共通性とのセットであることを忘れてはならない。

私たちは、個人から家族、さらには学校や会社、地域、国、世界あるいは国際社会と、さまざまな集団に属している。そして、私たちの個性とは、属する集団の共通性のなかにある違いであることを意識する必要がある。さらに世界の先には、他の生物たちとのつながりがあるのだ。このつながりの意識が、現代人は希薄なのではないか。私は、そのように感じる。みんなばらばら、勝手でいいという無関心な状態。そして、

「オレのいうことを聞かないヤツはクビだ。辞めてしまえ。」

「自分以外は、全部バカ。」

こういった言動が広まる風潮からしても、個々人の些細な違いを受け入れる寛容さが、足りなくなっているのではないかと思うのだ。人間の文化、価値観の多様性の減少こそ、深刻な問題だと私は思う。人間自身の多様性を維持することもできないのに、他の生物の多様性を守ることなんて、できるとはとても思えない。人々の多様な価値観を担保する人間社会を維持してこそ、生物の多様性を守ることができるのではないだろうか。それには、自分の理解の及ばないもの、役に立たないと思うものを受容する考え方、生き方が必要になってくるだろう。

どうしたら、私たち人間は、多様性を受け入れる生き方、考え方をほんとうに得ることができるのだろうか。そのことを考えるには、いまなお、多様性に満ちている地球上の生物がお手本になるのではないだろうか。生物多様性が、どのように生み出されていて、また維持されているのかちゃんと調べて、自分たちの生き残り方を考えないといけない。

謝辞

本稿は、もうお亡くなりになったお二人の先生、まず、鳥や自然の素晴らしさを最初に教えてくださった小野登志和先生、そして、総合地球環境学研究所初代所長の日高敏隆先生が残して下さったたくさんの宿題とヒントを参考にしております。両先生に深くお礼申し上げます。

参考文献

環境省　二〇〇六『川の生きものをしらべよう』日本水環境学会。
総合地球環境学研究所編　二〇一〇『地球環境学事典』弘文堂。
日高敏隆　二〇〇六『人間は遺伝か環境か？――遺伝的プログラム論』文春新書。
皆越ようせい　二〇〇二『ダンゴムシみつけたよ』ポプラ社。
本川達雄　一九九二『ゾウの時間ネズミの時間』中公新書。

第4章　生きものの個体を追跡してみると……

依田　憲

視点を変えてみる

オオミズナギドリという海鳥がいる（写真1）。海鳥とは、主に海でエサをとる鳥のことをいう。このオオミズナギドリは、日本や韓国などの離島で、春から秋にかけて子育てをする。繁殖期の親は逞しいあしで地面に横穴を掘り、巣を作る。ときにはこの穴は一メートル以上の深さになることもある（写真2）。オオミズナギドリの生態調査としてまず行わなくてはならないのは、どのくらいの数のオオミズナギドリがいるのか、そして、ヒナの成長具合はどうか、の二点を知ることである。そのためには、長い横穴のなかに腕をつっこんで、穴が実際に使われているかどうかを確認し、ヒナがいればむんずと引っ張り出して、体重や嘴の長さなどの成長状態を記録する（写真3）。

穴はとても深いので、奥まで手が届かないことも多い。ときには肩関節が外れそうになるくらいまで腕を入れることもある。そして、手先の感覚のみで、穴のなかの様子を探る。そのような体勢をとると、必然的に頬も地面に触れ、視点が限りなく地表に近くなる。すると、視界にはたくさんの小さな生き物たちが飛び込んでくる。ゲジゲジしたものに体を這われて不快なこともあるが、さまざまな節足動物が蠢く様子を、彼らと同じ目線で見る経験は新鮮で、わくわくする。なるほど、世界はじつに多様である。多様だ多様だと念仏のように唱えられなくても、この小さな体験で充分にわかる。

少し視点をズラしてみると、ふだん気がつかない自然の姿が現れることが多い。この章では少し視点を変えてみて、「個（個体）」に焦点を合わせてみたい（図1）。

写真1　オオミズナギドリの親鳥

写真2　オオミズナギドリの巣穴（写真右下）

写真3　オオミズナギドリのヒナ

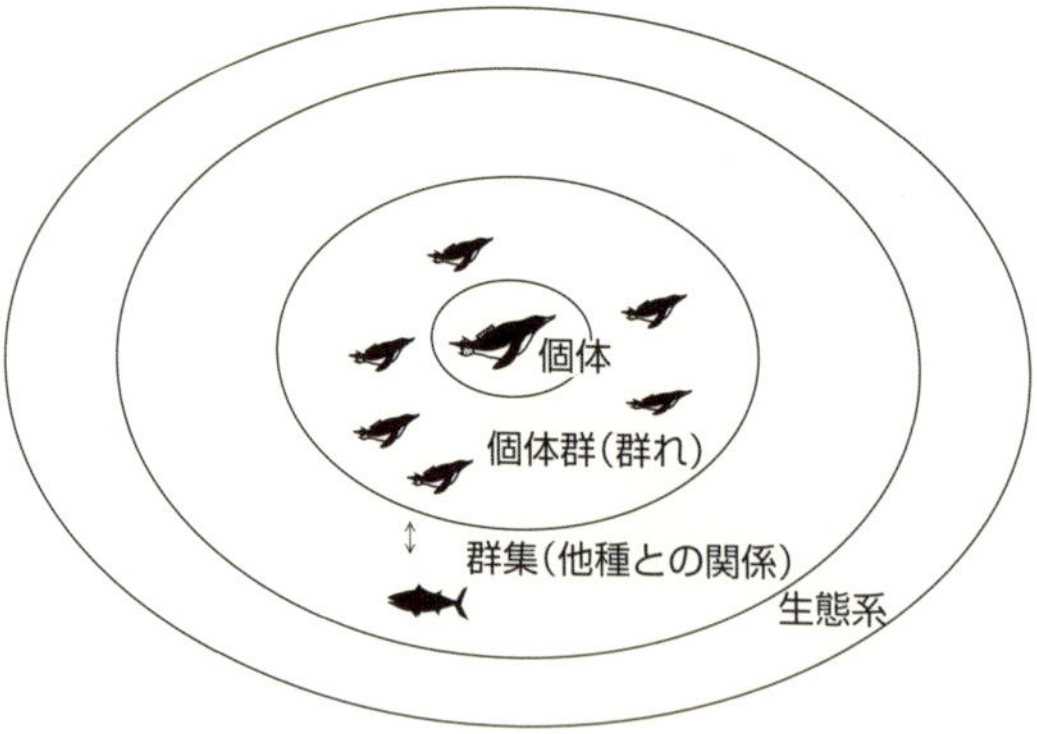

図1　生きものの群集・個体群（群れ）・個体の関係

「生き方」の多様性

個人の生き方は多様だ。誰一人、同じ生き方をする人はいない。平均化すれば「平凡な人生」となっても、本当はそんな人生など存在しない。同様に、個人の思考や価値観も多様だ。インターネットのおかげで、かつてないほどに個人が情報発信する時代になり、日記やブログ（ログは記録という意味）を読む機会が増えた。新しい技術のおかげで、人は人の多様性に改めて気づき始めている。個人の尊厳を尊重することは、自分とは違う生き方や価値観を知ることから始まるわけで、これはよい傾向だといえる。

さて、ほかの生物についてはどうだろう。生物の世界でも、個体は多様な生き方をしている。もちろん、彼らは日記も書かないし、我々との会話も成立しないので、何を考えているのかはさっぱりわからない。それでも、ペットとはたまに心が通じ合う気もするし、庭を歩く一匹のアリに意志を感じることもある。アリをじぃっと観察していると、突然、方向を変えた。なぜそこで曲がったのだろう。何かを見つけたのだろうか、それともただの寄り道だろうか。やぶのなかに入ったあと、何をしているのだろう。今後会うことはもうないだろうが、このアリはどんな一生を送るのだろう、と想像してみても楽しい。

生物多様性を語るとき、そこには「個体」の視点はない。ある地域にはどんな生物がどのくらいいるのか、というように、個体は数に還元されて、処理される。一個体一個体に目を向けることはほとんどない。無数の生物がいるなか、個体になんて注目する余裕はないかもしれない。そんなことを調べて何の役に立つのか、という質問も当然出る。しかし、個体がどのように生きているのかを知らずに、その生き物のことをわかった気になってよいのだろうか。生物は個体レベルで世界と対峙し、淘汰される。一万匹いた個体のうち、一匹が死んだとしよう。統計的にはどうということはない数字かもしれない。では、その一匹にとってはどうだろうか。

個体に注目するのは、何も特別なことではない。私たちの持つ生物体験の多くは、微少な遺伝子レベルでも、大きな生態系レベルでもない。アサガオの観察日記をつけたり、捕虫網を持ってトンボを追いかけたりするような、個体レベルのことが多い。個体の観察は、特別な道具もいらず、誰にでもいますぐできる。それに、遺伝子や生態系のことはよくわからなくても、個体のことなら何となくわかる。それは、我々自身が個体であり、個体がさまざまな情報を個体レベルで処理していることを、みずから体感しているからだ。

要するに、たまには個体に目を向けてみるのもよいのでは、ということである。まずは屋外に出て、個体の観察をしてみよう。何だってよい。目にした動物を驚かさないように、じぃっと見続けてみよう。ここでは一例として、カワウの観察を紹介する。

ひたすら観察

カワウは日本各地で見られる黒い鳥だ（写真4）。多くの人はカラスと区別していないかもしれない。長良川などでの「鵜飼い」のウは、ウミウと呼ばれる近い仲間である。

このカワウ、アユなどの放流魚を食べたり、巣の周りの木を糞で枯らしたりすることで、とかく評判が悪い。そのため、どこにいるのかという分布はくわしく調べられているし、追い払うための方法もいろいろ研究されている。

一方、「一羽のカワウ」がどういう生活をしているのかは、よくわかっていない。じつは、「平凡な（平均的な）カワウの一日」というのもイメージできない。これは、個体を観察する

写真4　加速度センサを装着したカワウの成鳥。動物に与える影響を小さくするため、機器のサイズや形状などには細心の注意が払われる

写真5　カワウの観察。驚かさないように、遠くから望遠鏡で観察する

というのが結構大変だからである。いや、大変というよりは、時間がかかる、というのが正確だ。道具は、紙とペンと双眼鏡があれば充分。とくに技術も必要ない。カワウは臆病なので、観察の際は五〇メートル以上離れて観察することに注意して、あとは一日中観察すればよい（写真5）。

さて、繁殖期のカワウは両親で子どもを育てる。ヒナが小さいときには、片親が常にヒナに寄り添って守る。ヒナが大きくなると、必要なエサが増えるため、両親ともにエサとりに出かける。

親は巣に頻繁に出入りして、胃のなかに入れて運んだ魚を吐き戻してヒナに与える。ずっと張り込んでいると、カワウの子育ての仕方が見えてくる。長期的な観察によって、地域によっても、また個体によっても、子育ての仕方が違うことが、次第にわかってきた。

そんなある日、カワウの親がヒナを激しくつついているのが目撃された。これはどう見ても、世話しているようには見えない。ヒナは首を垂れ、ぐったりとしている。カワウのくちばしは非常に鋭利で、生け捕りにすると、手のひらが簡単に切れるほどだ。そんなくちばしでつつかれたら、無事では済むまい（そのときの映像が次のサイトで見られる。http://zoo2.zool.kyoto-u.ac.jp/ethol/showdetail.php?movieid=momo090421pc02a）。

じつは、両親が不在の際に、ほかのカワウが巣に乗り込んで、よそのうちの子どもをつつい

写真６　侵入者と闘う親鳥。ヒナはグッタリしている

ていたのだ（写真６）。この「子殺し」と呼ばれる行動は、霊長類などでは有名だが、カワウでは初めての報告である。これは珍しい、と喜々としてビデオカメラを回していたところ、そこへ本当の親が帰ってきた。親としては、自分の子どもが殺されかかっているわけで、許すわけにはいかない。侵入者との戦いが始まった。カワウの子殺しも珍しいが、カワウ同士の戦いも相当に珍しい。両者鋭いくちばしで相手をねじ伏せようとする。二転三転する激しいバトル。戦いはじつに一〇分以上続いた。

長い戦いの果て、勝利したのは、本当の親。しかし、もう遅い。子どもたちはすでに死んでしまった。と思っていたら、子どもたちは全員元気よく復活して、激しくエサをねだり出した。子どもは擬死（ぎし、死にまね）して難を逃れていたのだ。親もすごいが、カワウの子どももすごい。

その後、この「子殺し」に注目して観察を進めたところ、カワウの世界では結構頻繁に起こっているという証拠が得られた。どうも、他人の子どもを殺して、質のよい巣をのっとろうとしているようだ。侵入者も必死で生きているのだ（観察しているときは、親の気持ちで応援していたが）。根気強く観察していると、こうした「ドラマ」にいくつも出会える。ドラマは、個人や個体を中心に繰り広げられるもの。私たちは、生き物たちの織りなすエキサイティングなドラマのほとんどを見逃している。

個体追跡の最先端

さて、巣にいる時はよく観察できたカワウも、飛んでしまうとさすがに追跡不可能。「何時何分に飛んだ（巣を離れた）」とノートに記録してからたった数十秒で、人の視界から消える。どこまでもついていって追いかけたいが不可能だ。試しに、琵琶湖のカワウをボートで追跡したところ、あっというまに引き離されてしまった。個体追跡なんて、できっこない。一〇〇億光年離れたところからの光を観測し、分子や原子の動きを計測する時代に、我々は一羽のカワウを追いかけることもできないのである。

では仕方ない、このカワウが帰ってくるまで、のんびり待つとするか……。これが最近までのやり方だった。このある種のあきらめは、最新の工学技術によって打ち破られた。途方もないスケールで人を圧倒するのが自然なら、それに技術で立ち向かうのが人間である。

動物に超小型の機械を装着することによって、行動や生態を遠隔的に記録する「バイオロギング」（バイオは生物、ログは記録という意味で、生物記録装置）という研究手法があらわれたのだ。「追っかけ」て観察するのが無理なら、「ひっついて」観察すればよい、という発想である。

たとえば、カーナビでお馴染みのＧＰＳをカワウにつければ、どこに飛んでいったのか、移動がわかる。どのように運動しているのかを知りたければ、加速度センサ（振動を記録するセンサ）をつければよい。

最先端の道具のおかげで、カワウの個体の生活が手に取るようにわかるようになった。と、簡単にはいかないのが研究の常。カワウは非常に臆病な上、高い樹の上に巣を作る。機械を装着する以前に、そもそもどうやってカワウを捕まえればよいのか。

カワウの仲間は、日常的に魚を吐き戻す。繁殖期には、ヒナに餌を与えるために、胃にため込んだ魚を何度も吐く。その際、吐いた餌がヒナには大きすぎて、巣のなかに落ちてしまうことがある。また、驚いて逃げる時に、体を軽くするために吐くこともある。そのようにして調査中、頭上からカワウが吐き戻した魚が落ちてくることはよくある。こうして巣のなかに落ちた餌はもったいない。私がカワウなら拾って食べる。もしかすると、睡眠薬を魚に仕込んで置いてやれば、食って寝るのではないか?

実際に、釣り竿を改造したものの先端に睡眠薬入りの魚を入れて、巣にそっと置くと、戻ってきたカワウは拾って食べて、そして寝た。眠ってしまえば、捕獲は簡単だ。はしごをかけてカワウを木から下ろす。そして、GPSや加速度センサを装着する。計測や血液採取などもして、そっと巣に戻す。眠りから覚めると、何事もなかったように活動する。その後、装着した機器から遠隔的に情報を吸い出したり、機器を切り離したりする装置を用いて、うまく行動情報を回収できた。

このようにして、カワウが伊勢湾や三河湾のどこで、どのくらい潜っているのかがわかってきた。ようやく、カワウの日常が見えてきたのである。

バイオロギングについてもう少し

バイオロギングで得られる情報について、もう少しくわしく解説しよう。たとえば、カワウに水圧計をつけ、しばらくしたら回収する。カワウの潜水情報は、機器の内部のメモリに蓄えられている。コンピュータにつないで情報をとりだすと、図2のような情報が得られる。これ

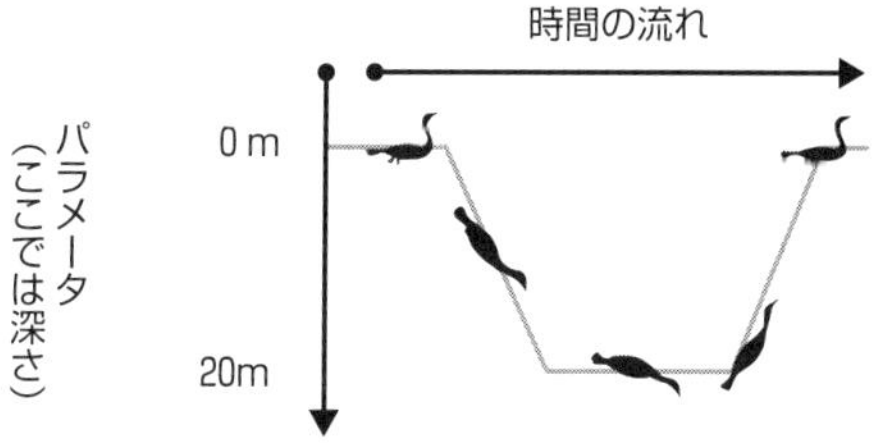

図２　バイオロギングで得られたカワウの潜水情報

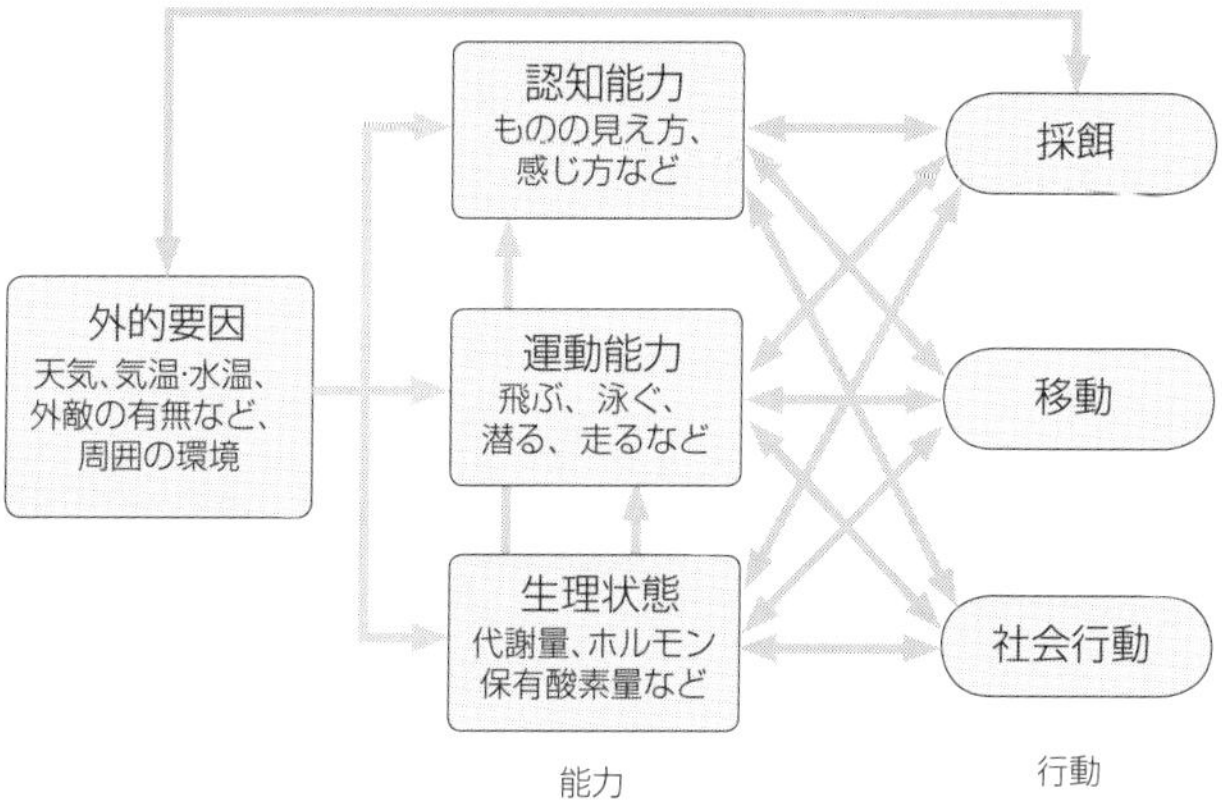

図３　動物の行動に与える影響

は、たった一回の潜水だけを模式的に表したものだ。ある時間まで水面で漂っていたカワウが、潜り始め、海底でしばらく滞在したあと、水面に浮上する様子がわかる。このような情報を時系列データと呼ぶ。

バイオロギングで記録される情報は、すべて時系列データである。加速度センサをつかえば、いつ、何をしていたのかがわかる。GPSを使えば、いつ、どこにいたのかがわかる。脳波センサをつかえば、いつ、どんな脳波を示していたのかがわかる。動物の息づかいを記録するセンサまである。データを得る間隔、つまり時間解像度を上げれば、バイオロギング情報は、個体の「生きざま」に限りなく近づく。

動物が示すさまざまな行動（採餌、移動、社会行動など）は、いろいろなものに影響を受ける（図3）。たとえば、気温や水温などの外の要因から影響を受ける。捕食者がいるから逃げる、というようなものもこれだ。また、腹が減ったからエサを探そう、というように、体内の状態にも影響を受ける。バイオロギングは多種多様なセンサをつかうことによって、動物個体の内外で起こる複雑な因果関係を記録し、なぜそのように生きるのか、を理解しようとする手法といえる（くわしくは日本バイオロギング研究会 二〇〇九）。

ゆっくりと成長するカツオドリ

動物がもっとも劇的な環境変化を経験するのは、子どものときだ。人間の赤ん坊も、最初はベッドの上が世界のすべてである。それが次第に、家、近所、学校、と行動範囲を広げていく。動物の場合も、大きな変化が起こることがある。鳥では「巣立ち」がそれにあたる。鳥の巣立ちとは、初めて飛べるようになること。海鳥の場合、切り立った孤島で繁殖することが多いので、ヒナは巣立つときに、崖から飛び降りることになる。飛び降りた後は、自力で飛翔して、どこもかしこも同じように見える海を飛び、独力で餌を探さなくてはならない。想像しただけでも、生きた心地がしないではないか。

この人生の晴れ舞台の後、海鳥の子どもはどのように成長していくのか。餌とりや飛び方を調べる際には、加速度センサが有効だ。これは「動き」を測定するセンサで、鳥の羽ばたきやグライディング、潜り方などを余すところなく記録してくれる。ただし、問題もあり、一秒間に何十回ものデータを得るため、電池やメモリをあっというまに消耗してしまい、数日間しか記録できない。鳥の子どもの成長を見届けるには不充分だ。もう一工夫が必要である。

西表島の南西にある仲ノ神島で繁殖するカツオドリ（写真７）は、巣立ちの後も数ヶ月間、

写真7　カツオドリ

島に戻ってきて親から餌をもらう。これを「巣立ち後世話期間」と呼ぶ。その後、親から完全に独立する。巣立ち後世話期間をもつ鳥は多いが、カツオドリのはとくに長く、三ヶ月に及ぶことがある。そこで、この巣立ち後世話期間を利用して、鳥の子どもの成長を調べることにした。カツオドリの生まれたてのヒナを育てれば、ヒナは飼育者を親、もしくは餌を与えてくれる対象と認識する。つまり、巣立ちした後、巣立ち後世話期間の間に、しばしば飼育者のもとに戻ってくるわけだ。こうなれば毎日センサの着脱が行えるわけで、高精度のデータを長期間集めることができる。飼育されたカツオドリも、野生のものと同じように、巣立ち後世話期間を終えると完全に独立して、南方へと渡っていく。

巣立ちしたカツオドリに加速度センサを取り付けた結果、次第に効率のよい飛翔方法を獲得し、徐々に遠くまで行くことがわかった。また、カツオドリに特徴的な採餌方法をゆっくりと習得していくこともわかった。カツオドリは数メートルから数十メートル上空から矢のように海中に飛び込み、餌をつかまえる採餌方法をとる。かなりの技術を要するように見えるこの採餌方法の習得に時間がかかるため、カツオドリの巣立ち後世話期間は長いのだろう。さらに、同じように育てていても、行動の上達具合には、個体による違いがかなりあった。遺伝的な影響も大きいのかもしれない。

もっと遠くまで行く鳥、オオミズナギドリ

そもそも私が鳥類を研究対象としている理由は、彼らの飛ぶ姿や能力に魅了されたためである。まず、「飛ぶ」というのが掛値なしにすごい。オーヴィル・ライトも「手品は手品師から、飛翔の秘密は鳥から学べ」と言ったくらいに、そこには力学的な秘密がたくさん隠されている。もちろん、長い長い時間をかけて、自然淘汰による進化を積み重ねた結果である。生物の価値とは、時間の価値に等しい。

鳥によっては、非常に長い距離を飛ぶ。たとえば、キョクアジサシという一〇〇グラム程度

の海鳥は、毎年、南極と北極を往復する。長寿の個体は三〇年以上生きるので、一生の間に月まで三往復していることになる。

これは極端な例だが、ほかにも長距離飛翔する鳥は日本にもいる。そこで私は、最初に紹介したオオミズナギドリの行動追跡をすることにした。オオミズナギドリは北海道から沖縄まで、日本沿岸の島々で繁殖している。九州や沖縄、瀬戸内海のオオミズナギドリの調査も行っているが、ここでは東北・北陸地方で繁殖するオオミズナギドリの生態について紹介しよう。カワウやカツオドリで使った方法と同じように、オオミズナギドリの背中の羽に防水テープでGPSを取り付ける。数週間後に再び捕まえ、GPSを回収する。すると機器のなかには、その期間の間、どこに行っていたのかがくわしくわかるデータが詰まっている。

東北の太平洋側で繁殖するオオミズナギドリは、北海道沿岸まで餌をとりに行っていた。餌はカタクチイワシなどである（これは餌を吐かせることでわかる）。かといって、いつも同じ経路を通るわけではない。ときには南へ向かうこともあった。一方、北陸のオオミズナギドリの雄は、津軽海峡を抜けて、北海道沿岸部まで飛んでいくことがあった。この辺りはよい漁場なので、わざわざ遠くまで行くのだろう。ただし、北陸の雌は、津軽海峡を渡ることがない。なぜ雌が北海道まで行かないのか、あるいは行けないのかは、まだ解けていない謎である。

数多くのオオミズナギドリから得られたデータをまとめると、こうした全体的な傾向がわか

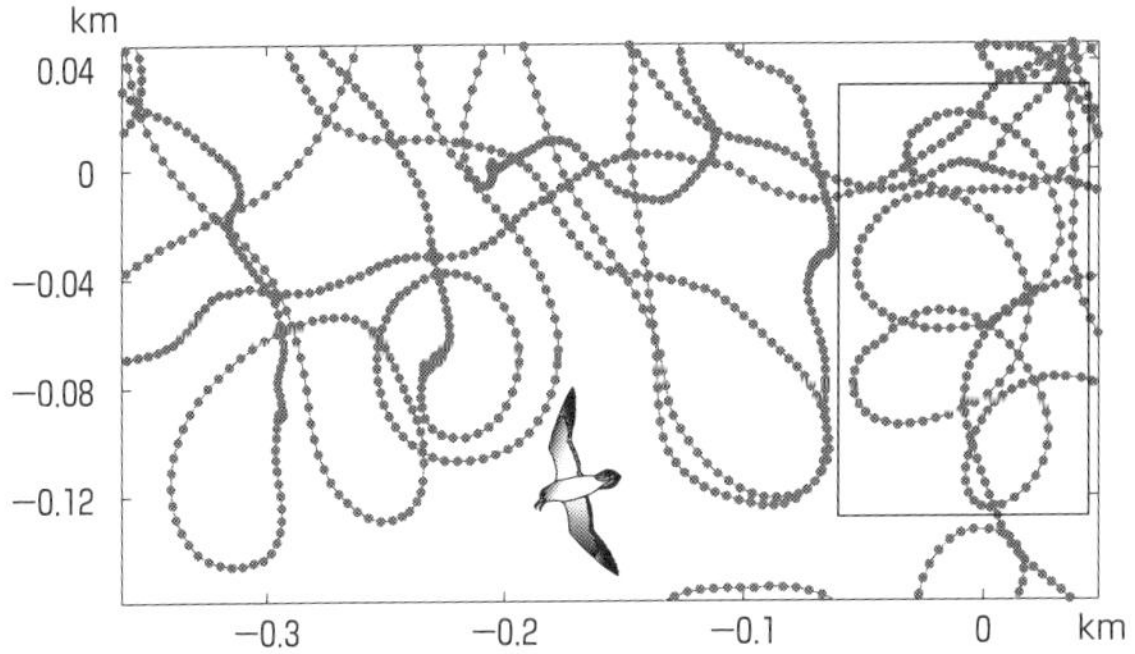

図4　GPSで得られたオオミズナギドリの飛翔。0.5秒間隔で記録。□で囲まれた箇所では4回転している

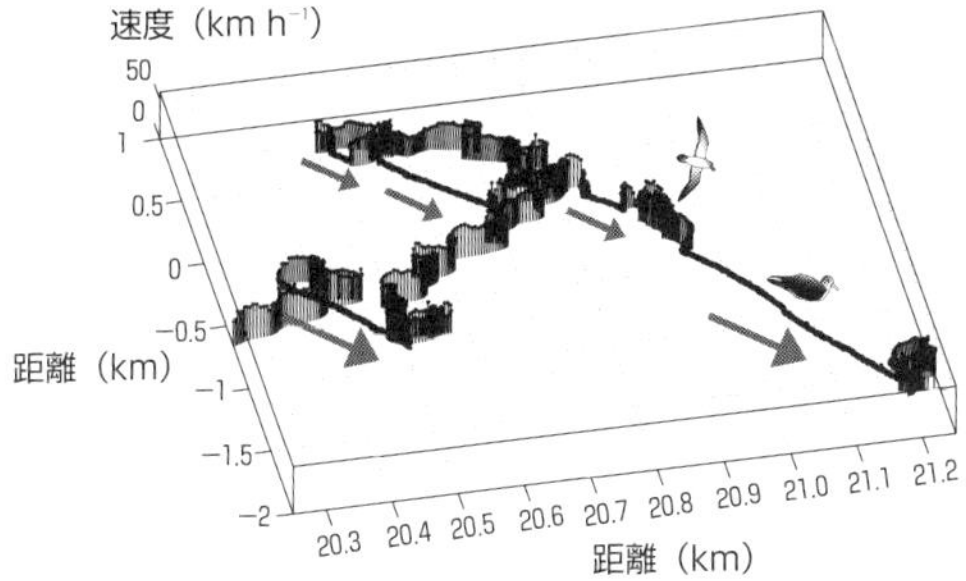

図5　海の流れにのったオオミズナギドリの動き（矢印）

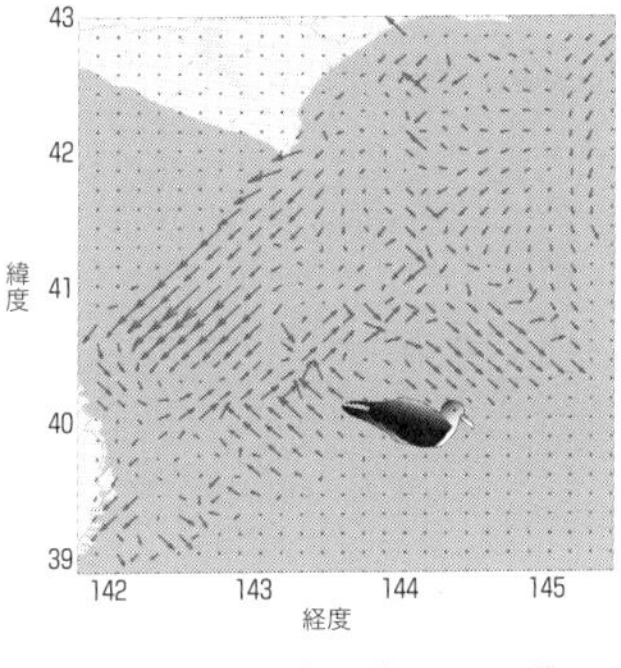

図6　オオミズナギドリの動きから再現した海の流れ

る。一方、GPSは非常に細かくデータを集めているので、拡大してみると、各個体の動きが手に取るようにわかる（図4）。たとえば、GPSで記録された位置から、移動速度の計算が簡単にできるので、速度の違いを使って、飛んでいるのか、それとも海上で休息あるいは採餌していたのかがわかる。こうしたデータを使って、どのように餌とりをしているのか、効率的に餌取りをしているのか、などを考えることになる。

ここでは、少し変わった情報の使い方を紹介しよう。オオミズナギドリが海上に下りると、海の流れ（海水流動）によって、ゆっくりと流されるが、これはGPSの経路でもわかる（図5）。そこで、オオミズナギドリが流されている箇所だけ集めると、海の流れを再現することができる（図6）。この海域は、南からの黒潮と、北からの親潮がぶつかりあう地域で、非常に複雑な動きを見せる。普通は計算機によるシミュレーションや、ブイを流して測定する流れを、オオミズナギドリにあちこち現地まで行ってもらって観測してもらうわけだ。

このように、動物個体を追跡することで、環境を観測ことができる。ほかにも、個体の採餌場所を見れば、魚の分布がわかる。オオミズナギドリは移動力が高くて魚群をいち早く見つけるので、漁師にとっても重宝される存在だった。海のことをよく知っているのだ。また、親がヒナのために集めてくる魚を集めれば（かなり消化が進んでいるのでDNAをつかって判別する）、どういった魚がどこに豊富なのかも教えてもらえる。

このように、オオミズナギドリの個体に視点を置いていたつもりが、いつのまにか、それを取り巻く環境や生態系を見つめていた、ということはよくある。自然界のすべては網目のように繋がっている。

人とのかかわりを見る――ウミネコ

人口が増えることで、ヒトが必要とする資源やエネルギーも爆発的に増大している。その結果、他の生物が利用する環境を破壊した（している）例をあげればきりがない。もはや我々が影響を及ぼさない生物はいないといってもよい。

人と動物の関係はさまざまだ。人が駆除する害獣・害鳥・害虫のような動物もいれば、人が生息地に直接・間接的に影響を与えたり、動物と人が資源を取り合ったりする関係もある。かなり複雑な因果関係があることもあり、人と動物の関係性を紐解くのは簡単ではない。

青森県八戸市の蕪島は、海鳥のウミネコの繁殖地として有名である。繁殖期には三万羽のウミネコが集まって繁殖する。観光業もさかんで、多くの観光客が集まる。そのため、ここのウミネコは他の地域のウミネコよりも人に馴れており、ある程度近づいても逃げない。こういった人と近しい環境で生活するウミネコは、人や人間活動とどうかかわっているのだろう。

写真８　ウミネコに装着したビデオカメラで撮影された映像

ウミネコの移動を追跡するために、ＧＰＳを装着した。その結果、ウミネコは、海鳥らしく海へ行って餌を探すこともあった。一方で、陸地をうろうろし、水田や民家、水産加工場などに立ち寄ることも多かった。どうもこういった場所も積極的に利用しているようだ。ただし、ＧＰＳでは、これらの場所で何をしていたのかまでは断定できない。もしかしたらただ立ち寄って休んでいるだけかもしれない。

そこで、もっと直接的に「何をしているのか」を知るために、超小型ビデオカメラを装着した（写真８）。すると、ウミネコが民家に立ち寄り、たくさんの仲間と一緒にパンの耳をもらっている様子などが撮影された。ウミネコたちはちゃっかりと人の手を借りて生活しているようだ。ビデオカメラによる情報とGPSによる情報を合わせることで、人間活動とウミネコの関係が見えてきた。人はウミネコの餌の分布や量に影響を与えており、ウミネコはそれをうまく利用しているように見える。これらが蓄積して、ウミネコの繁殖の成功・失敗や、個体群の維持などにも影響を与えている可能性がある。

謎はまだ多い。なぜ海に行く個体もいるのだろう。個体の特性（性や年齢）の違いだろうか。海と陸では、ウミネコにとってどちらがよいのか。人間に頼るのはよいことばかりではないかもしれない。栄養価の低い「ジャンクフード」を大量に食べると、繁殖によくないともいわれている。自然との共生、というは易し。本当の「関係」を知るのは難しいのだ。

個体が見せてくれるもの

動物たちから得られた行動データを見ると、悩ましいほどに「いい加減」に見える。あっちへふらふら、こっちへふらふら、仲間と一緒に移動するかと思えば単独で移動したり、昨日と同じ場所に行くと思えば、突然ルートを変えて別の場所に行ったり。科学的な発見をするためには、こうしたものにとらわれてはならない。「いい加減」な部分はノイズ（雑音）として扱う。個体の違いもうまく数学で処理する。

そうしているうちに、個体に共通の法則性や一般解が見つかる。てきとうに生きているかに見えた動物たちは、効率的に、最適に振る舞っている。なんだかいい加減に行動しているように見えた動物たちに共通する行動原理を見つけたときの喜びは非常に大きい。

それと同時に、いい加減に見える動物たちの「いい加減さ」も大事に思える。解釈に悩むような、大部分は論文にはならない、ヘンな行動や、気まぐれのような動きが。なぜだろうか。現代は余裕も多様性もない社会である。経済的な効率化を求めた結果、余裕も無駄も許さない、許されない。そのため、動物の個体を観察したときに出あう「いい加減さ」に、「人間味」を感じるのかもしれない。

科学者として生物をメタに見る態度とは対照的に、観察中に対象に感情移入してしまうことがよくある。人間味のようなよくわからないものを感じるのもこの一種だ。こういうときはおそらく、まったく的外れの想像をしている。観察対象は鏡のようなもので、こちらが望むように動く。対象の理解からはほど遠い。

しかし、自然とつきあっていると、そういった体験が貴重であるように思う。オオミズナギドリの巣のなかに手を突っ込んで、地表に蠢く節足動物を眺めないと、決して思いつかないであろう（多くはどうでもよい）考えがある。自ずとわれわれに何かを思わせてくれる。これが自然の持つ機能のひとつであり、彼らが容易に理解できない対象であることに帰因するのだろう。

生物多様性を守るには？

この章では、個体に注目してきた。生物多様性が語られるときには、どうにも人間中心の視点、経済的な視点が多いことに辟易したので、たまにはこういった見方もある、ということである。生物が主役なのだから、生物の視点で見ようとするのはある意味真っ当である。それには、生物が生活する「現場」に行って、草のなかに視点を落としてみたり、川のなかを覗いてみたりするのが一番だ。見てみなくては、どうしようもない。

自然を守るためには、都市部に人を集約し、人と自然を分離するのが最適だ、という意見もある。しかし、それはどうなのか、と思えるのは、過去に多かれ少なかれ自然体験を持つ人だ。そういった体験が人生を豊かにしてくれたような気がするからだろう。自分はこういった体験をしたから、子どもたちにも似た体験をさせてやりたい。自然な、人間らしい動機である。自然がわれわれの役に立つかどうかは些末な問題だ。まずは、「あなた」だけにしかない個人的な自然体験を語ることから始めるとよい。個人の体験こそが、生物多様性を守る。

参考文献

日本バイオロギング研究会　二〇〇九『動物たちの不思議に迫るバイオロギング』京都通信社。

第5章　子どもたちの幸せのために、里山を通して何を伝えるか

夏原由博

生物多様性をどう伝えるのか

見える生物多様性と見えない生物多様性

「生物多様性」はエコという言葉と同じくらいに、あいまいに使われている。生物多様性条約は、温暖化防止条約とほぼ同時に誕生したにもかかわらず、市民の間での認知度は低かった。二〇一〇年名古屋でのＣＯＰ10の開催や、環境省が多様な主体の参画を打ち出し、行政や民間企業などが取り組みを開始したことによって、改善されたことと思う。

しかし、これまでの自然保護とは違うのだろうか。私たちは何か新しいことに取り組まなくてはならないのか。自然保護活動をする知人からはそんな問いを投げかけられた。

生物多様性は新しい言葉だが、世の中に出るや、たくさんの意味を持たされてしまった。使う人の立場によって意味が異なる。私は、見える生物多様性と見えない生物多様性があって、人によって見えるものが異なることが気になっていた。

おそらく普通の市民にとって、見えるものの代表は、鮪（まぐろ）のような資源や赤とんぼのような見たり触れたりした経験のある生物や風景に違いない。一方、見えない生物多様性は、生態系の機能を支えているとされる生物多様性だろう。ＣＯＰ10では、遺伝子の多様性からもたらされる利益の配分とリスクの責任が議論の焦点だった。遺伝子資源のあるものは、地域の人々は薬効を知っていても、莫大な利益に結びつく事実や利益の生み出し方は見えていない。

直接見えない生態系

日常の暮らしからは見えてこないものの、生態系の調整サービスは、古くから知られていた。八二一年の太政官符には、「山の樹木が剥ぎ取られ裸にされるなら、川の流れは干上がってしまう」と書かれている（タットマン 一九九八）。

身近な視点で考え直さなくてはならないのは、鮪を食べることの影響のようなことである。鯨と同様、鮪の刺身も文化だといえなくもないが、日本人が鮪を大量に食べ始めたのは新しい。鮪だけでなく、海洋資源はかつては誰でも利用できるオープンアクセスであったために、減少が甚だしい。そのため国際的な協議の場を設けて、持続的な利用となるような努力が続けられている。鮪はまだ見えやすい例かもしれない。生態系のつながりは十分に解明されていない。ナラ枯れのような、突然もとに戻せないような変化をもたらすこともある。変化が見えないままでいることによる生態系への大きなダメージは避けなければならない。

一方、環境社会学では、遠い水と近い水（嘉田 二〇〇二）、近い自然と遠い自然（丸山 二〇〇七）という対比が使われている。近い自然とは、生活と直接かかわりあっている自然で、当然目に見える。遠い自然は生活との結びつきが薄れ、人々が関心を持たなくなっている状態である。見えない生物多様性を見えるようにすることはできるが、必ずしも近い生物多様性になるものではない。しかし、目に見える生物多様性が腑に落ちるためには、近い生物多様性の体験から想像力を働かせる必要があるのではないか。

自然の伝え方

自然保護の考え方には大きく分けて二つある。ひとつは、自然を手つかずのままで残そうという保存（preservation）であり、もうひとつは、人が利用しながら維持するという保全（conservation）である。おそらく、この二つは区別されないまま古くから世界各地で用いられてきたに違いない。私の知るかぎりで最も古い保全の考えは、アメリカの法律家であったジョージ・マーシュが一八六四年に書いた *Man and Nature* である。彼は森林の保全の意義について、保全は森林を長く存続させるために必要な手段であると書いている。明確な形で議論になったのは、二〇世紀初頭のアメリカ合衆国の森林政策においてであった。当時の大統領セオドア・ルーズベルトは、彼が採用した森林長官ジフォード・ピンチョーとともに保全政策を進めた。ピンチョーは、一九一〇年に『保全のための戦い（*The Fight for Conservation*）』で、アメリカの富は国土のすぐれた自然資源によるものであり、その資源を保全して、使い切ることなく、子孫に伝えることを指摘した。また、ルーズベルトは一九〇八年に保全政策について議論するために州知事を招集し、保全とは、①開発と一体であり、現在と未来の必要性を満たすものである、②浪費の防止、③自然資源を少数者のためでなく多数のために開発・保存すること、とした。

地球上の生物多様性を未来に伝えるために、絶対に人手を入れてはいけない保存地域は必要である。しかし、人口増加による必要から多くは残せない。あとは人類の要求も満たしつつ、生物多様性を損なわない保全の方法で残すことが大切である。また、日本やヨーロッパのように大昔から人手が入った半自然が卓越する場所では、注意深く管理しないで放置すると元の自然に戻るのでなく、不健全な形で遷移がすすんで、絶滅する種が生じる恐れもある。

生物多様性をどう伝えるかを考えるためには、生物多様性とは私たちにとって何で、なぜ伝える必要があるのかをもう一度考え直す必要がある。生物多様性を伝える理由は、「すべての生命には存在する価値がある」という倫理的な理由を除けば、資源としての価値があることと生態系の機能を支えているためである。ここで資源とは、食料や木材のように直接利用できる直接的価値であり、生物そのものの価値である。一方、個々の生物は、生態系を形作ることによって、水質浄化のような環境の調整や景観のような文化を含む間接的価値を提供する基盤となる。私自身は倫理的な位置づけは大切だと思うが、さまざまな考えの間で合意形成することは難しい。次に書くような、人が幸せに生きるため（人類の福祉）の基盤としての生物多様性であれば、合意を得やすいだろう。

自然の価値（と生物多様性を守る意義）を普及する上で、国連ミレニアム生態系評価の功績は大きい。国連ミレニアム生態系評価では、自然の価値は四つの生態系サービスとして示されている。そして、生物多様性、生態系、生態系サービスのそれぞれについて、現状と傾向を評価した。しかし、価値を評価されるのは生態系サービスであって、生物多様性そのものではない。供給サービスは、たとえば穀物生産の総額として示されるのでわかりやすい。それに対して、生物多様性は、生態系の基盤であり、生物多様性の減少は生態系の機能に突然影響を与える可能性が高いとされている。これは重要であるが、まだわかりにくいと思う。どうすれば、生物多様性が理解できるか考えてみたい。

人と自然の関係の最近の変化——見える生物多様性へ

日本文化の背景となった自然

日本の国鳥はキジ、国蝶はオオムラサキである。キジは山すそや河畔の草地や畑によく出現するし、オオムラサキは林縁に生えるエノキの葉を幼虫が食べ、成虫はクヌギやコナラの樹液に集まる。決して原生林の生きものではない。国鳥や国蝶が決められたのは古いことではないが、これらの種を身近な生きものとするような自然環境の存在が背景にあっただろう。このように、日本の文化の背景には人の手によって変えられた自然が深くかかわっている。

『古典植物辞典』（松田　二〇〇九）は、歴史的な文書や文学に登場する植物がまとめられている。古事記と日本書紀にはあわせて一〇〇種類の植物が出ている。記紀に出ている植物の特徴は、花が少なく、神事にかかわる緑樹が多いことと、食料、繊維、染色に用いる実用的な植物が多く出ていることだという。当時の里山の風景を示す文章として、日本書紀に「赤駒の　い行き憚る　真葛原」がある。

万葉集は、日本人の自然観のルーツを探る文献として、よく取り上げられる。秋の七草も、万葉集で山上憶良が詠んだ「萩の花　尾花　葛花　なでしこが花　をみなへしまた藤袴　朝顔が花」に由来する。万葉集には七草も含めて植物では一六〇種程度が登場する。記紀と比較して観賞用の花が多く出ている。登場回数の上位は、萩、梅、松の順である。それでも食用など実用的な価値のある植物が多い。食用植物は三七種あり、ヨメナ、ヒルムシロ、クログワイ、ミズアオイのような今日では雑草とされる種も含んでいる。

平安時代に書かれた源氏物語と枕草子ではそれぞれ一一七種と一一六種の植物が出ている。

貴族階級の作品であることもあって、実用よりも鑑賞の対象としての植物が多い。源氏物語に登場する回数の多い植物は、ハギ、キク、ヲミナエシ、ヲギ、ススキなど、多くが秋の草である。

平安時代以前には、人手の加わらない自然林も残っていたと思うが、人がそのような場所に行く機会は少なかっただろう。人が日常的に接する人里・里山には、ヲミナエシやクズ、ススキの生える荒れ地（草地）が多く存在したと思われる。そうした日本人にとっての原風景の基盤の上に、平安時代には繊細な美意識を持つ文化が形作られた。京都の庭園には、種類の違うコケのテクスチャーを造形表現に用いたり、石と白砂で海や世界を表現するという独自の美が生み出されている。

自然の恵みを生み出す生物多様性

東南アジアで、〝水田でとれる〟有用生物は少なくとも二三二種ある（Halwart 2010）。当然ながら、それらにはそれぞれの言語で名前があり、農民はひとつひとつの生物の名前を知っている。日本でも、焼き畑を営んでいた宮崎県椎葉で焼き畑を続けてきた女性が一四〇種もの植物について物語を語っている（斉藤 一九九五）。

人々は興味のあるものや大事なものには名前をつける。交換や流通の対象になると、ばらばらな名前では不便なので、名前は統一される。関心は持たれても流通の対象とならないものは、個々の名前がそのまま残される。メダカは全国で五〇〇〇もの名前があったという（渋沢一九六〇）。きのこも同様で、シメジには一七七種類の地方名がある（奥沢・奥沢一九九八）。

見えなくなる生物多様

便利で快適な都市の生活から、生物多様性は見えない。ハンバーガーで育った若者は牛さえいればいいと思うかも知れない。いや、それはまだいい方で、ハンバーガーをつくるためにどこかで牛を飼育していることさえ、気にとめていないだろう。

近代化は、自然を征服することによって成し遂げられると考えられた。その後、自然が失われていくことへの反省や、もっと直接的には公害など近代化の弊害への反省から、自然を保護区として残すことになった。これで自然は残った。しかし、人と自然の関係を希薄なものとした。川で魚をとることのなくなった子どもたちが、生物多様性の重要性を感じることは難しい（コラム「子どもたちから遠くなった自然」参照）。食を通じて生命の重さを知ってもらうため、希望者による合宿で、夕食のために生きた鶏を調理する体験を入れている学校もある。

里山・くらし・生物多様性

なぜ里山を取り上げるか

生物多様性を見えるものとするために、里山を取り上げたい。里山という言葉は、古くからあったらしい。人里近くの山の呼び名として使われていた。しかし、その意味が深く考えられるようになったのは最近のことである。問題はいつから使われたかではなく、どのような文脈で使われたかである。

里は人の住む場所を指す言葉である。古くは律令制の行政単位でもあった。広辞苑には里芋、里烏、里林など多くの言葉がある。しかし、里山が広辞苑に載ったのは、一九九八年の第五版からである。また、辞書にはないが里川という使い方もあったらしい（桜井 一九八四）。山は、周囲より高くなった地形のことだが、里山の山は森や林の意味だともされる。四手井（一九七二）は雑誌『自然』の連載記事のなかでたびたび里山という言葉を使い、里山を農用林と定義している。また、山は林だけでなく草地もまとめてとらえられていた。吉田（一九七五）は里山を居住地に近い山林原野としている。乗本（一九七五）は、里山は集落からの距離と利用形態から、奥山と区別できるとする。すなわち、集落に隣接した山で、しかも林業以外の利用（薪炭、柴刈り、草刈り）が可能な山を里山としている。

社会現象としての里山

朝日新聞の記事データベース聞蔵で里山を検索すると、一九八四年以後で一万七六一件がヒットした（二〇一〇年一一月一二日現在）。このなかには「千里山」のように固有名詞も含まれているので、すべてが里山ではない。一九八〇年代には数件（ヒット数は八〇件）で、一九九〇年代に急増している。一九八三年以前は全文検索でなく、見出しのみの検索だが、わずか五件のヒットで、地名を除くと一件しかない。その記事は興味深い。昭和四二年（一九六七）五月二五日「はいれぬ里山」という見出しである。広島県芸北町で肉牛を飼育している農家が、餌を確保する草地が足りず、里山を買おうとするが、集落の人間関係や地価の急騰によってままならないことが書かれている。

里山への人々の関心は三つの時期に分けることができる。ひとつめは、戦後の荒廃した国土を再建する時期で、林野が作物栽培になくてはならなかったころである（林・南 一九五一）。このころには里山という言葉は見られないが、農用林という表題の教科書も出版されている。中島（一九四八）は、人造肥料によって循環経営法をすてたことによって、農耕地が著しく悪化していると指摘し、循環農業経営法を復活するために「農業、林業、畜産業の三者一体となった独特の産業が発達すること」（中島 一九四八：一頁）が重要であると説いている。しかし、日本の農業は、循環農業とは違う形で発展していった。一九五五年には、林野は肥料供給源としての役割を終えたとされる（林 一九五五）。ふたつめは、都市化の進行と過疎化による中山間地の疲弊が見え出した時期である。四手井（一九七二）が里山という語の普及に貢献する。開発による経済活性化が前面に押し出され（田中 一九七二）、里山の転換が計られようとする（林野庁 一九七八）。それに対して、一九七五年に『農林統計調査』という月刊誌で「里山は活かされているか」という特集記事が組まれた。この時期には、都市や自然保護の側からの里山への関心は見られない。三つめはどちらかというと都市の側から里山が再評価される一九八〇年代後半以降である。

林野庁（一九七八）が定義した里山は「幼令広葉樹林地」である。一九八四年の四全総（第四次全国総合開発計画）では、「里山林等を（中略）林業体験やレクリエーション的利用を行う交流空間として、また、都市の児童生徒が山村で野性的自然の体験を行う教育空間」（国土庁 一九八七：三三頁）であり、「集落周辺里山地域は、広葉樹資源の有効活用による地場産業の振興、農業との経営の複合化などを推進する」（国土庁 一九八七：六九頁）としている。平成一〇年の「二一世紀の国土のグランドデザイン」では、「薪炭や木材等の林産物の確保に加え、水田稲作農業に不可欠な水や肥料の確保等のため、上流の森林や里山林を保全しながらその恩恵を有効に享受していく森林管理の仕組みがこれまで培われ、これが森林文化の根幹をなしてきた」（国土庁 一九九八：四三頁）と里山林と農業の関係を評価したが、今後は、「二一世紀型の森林文化の育成に取り組む」（国土庁 一九九八：四三頁）として、森林への限定をくずしていない。これに対して、環境省は里地里山という造語によって、農村集落とそれを取り巻く農地、ため池、二次草地、二次林全体を含む概念を用いている。

里山は、いくつもの学問分野でほぼ同時に取り上げられた。民俗学では、福田アジオ（一九八二）が村落にはムラ、ノラ、ヤマという三つの領域があることを示し、ヤマの外側のオクヤマを区別している。

里山の生物多様性に関しては、日浦（一九七八）が、自然林から都市にいたる植生変化に伴うチョウの種組成の変化に注目し、種数については、自然林より森林と農地が混在する山里環境で増加することを見いだしたのが先駆的であった。また、二次林（中越 一九八八）や孤立林が研究対象として見直される。里山が生態学的研究や自然保護運動で拡大することには守山（一九八八）や田端（一九九七）の貢献が大きい。応用分野でも、農林地を環境緑地としてとらえた計画論的研究（井手・武内 一九八五など）やレクリエーションに適した里山林の管理手法の研究がさかんになった（重松・高橋 一九八二など）。

里山概念の進化には、景観生態学（ランドスケープ・エコロジー）の日本への導入の役割が大きい（武内 一九七四など）。ここでいうランドスケープは景色のことではなく、森や草地、湖など異なるタイプの生態系がモザイク状に広がっている全体像を意味する。ランドスケープには、そのパターンに応じた風や水の流れ、生物の生息や移動などといった機能が存在する。さらに、ランドスケープのパターンと機能は、人と自然の相互作用によって変化する。景観生態学はそうした全体像を研究する学際領域とされる。

里山という言葉が市民の間で広まるのは、一九八六年からである。この年に、朝日新聞などが主催して、「森林と人間――都市近郊林を考える」というシンポジウムが開催された。同じ年に大阪市立自然史博物館でも里山シンポジウムが開催された。シンポジウムを主催した大阪自然環境保全協会では、一九七七年から開始した野生動物保護活動のなかで、野生動物の生息場所が人里近くの低山帯であることに気づいた。そして一九八二年から里山動物調査を開始した。里山の自然の保全を都市と自然の共存というテーマと結びつけてとらえている（木下 一九八七）。

里山保全の動きは、関東でも同時期に開始される。一九八三年、横浜市の都市型公園計画に対して市民からそれまでの水田を活かした公園づくりが提案された。ここでは、公園としての里山管理を行政任せにするのでなく、市民が担うという新しい主張が見られる。都市住民による里山保全の動きが全国に広がったのは、一九九〇年に埼玉県でトトロの森を守ろうという運動とそのシンボルとなった「となりのトトロ」というアニメーション映画の影響が大きかった。

ふたつの里山

二〇〇七年から三年をかけて、里山里海生態系評価を行った（共同議長：金沢大学中村浩二教授、国連開発計画アナンサ・ドゥライアパ博士、事務局：国連大学高等研究所）。私は西日本地域の評価に参加した。過去の里山の変化を考えると、里山の変化には大きく二種類あることが見えてきた。大阪府など大都市周辺の里山は、都市拡大、とくに一九六〇年代からのニュータウン開発やその後のゴルフ場ブームによって失われた。それに対して、島根県など大都市から遠く離れた里山は人口流出によって利用されなくなり、田畑や採草地がスギ・ヒノキの植林や植生遷移によって二次林へと変化した。それぞれオーバーユースとアンダーユースに対応すると考えた。都市近郊の里山がオーバーユースに疲弊していたのは、明治以前からであった。小椋（一九九六）は、京都の仮製地形図や写真から明治時代の里山の姿を読み解いている。それによると東山などは大部分が樹高二～三メートル以下のアカマツや落葉広葉樹でおおわれ、はげ山の景観を呈していたところもあった。また、大阪府の河内地方にある生駒山系も江戸時代から明治には禿げ山として記されている（千葉　一九九一）。はげ山の原因には、花崗岩という地質的な原因と森林資源のオーバーユースの両方がある。この地方では、江戸時代に、米の収穫後になたねが、また、米との輪作で綿花が栽培された。なたねや綿花は麦など食料生産と競合したため、一六四三年に田畑で栽培することを禁止された（田畑勝手作の禁）。今のバイオ燃料問題と似ている。綿花は、一七〇〇年代が最盛期で、田畑の五〇％で栽培されていた村が見られた（武部 一九八二）。こうした商品作物は、稲作より多くの肥料を必要とした。

しかし、オーバーユースとアンダーユースをどうとらえるかは地域の文脈によって異なる。阿蘇や三瓶山などでは、草地を維持することが適切な土地利用であると考える人が多い。このような人が維持した二次的草地で絶滅危惧種が多く見られる。一方、前述の明治から太平洋戦争直後まで近畿地方などで見られた「はげ山」や、樹高二～三メートルの低林はオーバーユースと見る人が多い。地域の自然のありようと、さまざまな目的を考慮して、ほどほどの里山利用をすすめるべきだろう。

里山の土地利用システム

里山は、人にとっては、農業生産と生活に必要な自然資源を、持続的に得るための、資源管理システムであった。深町（二〇〇二）は、かつての丹後半島山間部の里山の土地・資源利用システムを以下のようにまとめている。かつては、集落を中心に耕作地が位置し、水の得られる緩やかな斜面は棚田として利用され、それ以外の緩傾斜地は畑地や採草地や陰伐地として利用された。そして、農地を取り巻く斜面や尾根には、茅場などの半共有地があり、その外側に日常に利用する薪炭林があった。さらに、遠くには、ふだん使われない森林があって、建築材を得たり、大火などのときに復旧資金を得るための炭材を得るために使われた。

里山は、このように、複雑な地形によって適性の異なる土地ごとに使い分けた結果できたモザイク状の景観を示すことが多い。それだけでなく、水田に使う肥料や生活に用いる薪を、雑木林から得る、自給的なシステムが維持されていた。別の場所では、農作業や荷役に使う牛が飼われていたが、飼料は集落の草地で得て、糞は肥料として用いられた。基本的に、燃料、肥料、飼料を集落外から購入することはなかった。

一方で、都市近郊や特殊な立地の里山では、製塩、製鉄のための燃料として、薪や炭が集落外へ持ち出された。雑木林の枝葉や落葉を再生可能な量以上に採り続けると、土地がやせてアカマツやツツジ類しか育たなくなったり、背丈ほどの低木林へと変わる。場合によっては、はげ山となる。また、綿やなたねといった商品作物を栽培するために、集落外から干魚などを肥料として購入し始めた。河内地方は、江戸時代に、綿花の栽培がさかんになり、その面積は水田とほぼ同じであった。その結果、綿作農家は、米を買っていたという。また、水田の裏作としてのなたねは、麦と競合したため、食糧確保を必要とした幕府から、なたね栽培を禁止する命令が出されたこともあった。

里山をどう伝えるか

多様性を楽しむ

私が二〇〇二年から二〇〇三年にかけて共同研究をしたナミビア大学は首都にあるメインキャンパスから八〇〇キロ離れた北部に農場を持っている。降水量が少なく作物栽培に適さない首都に対して、北部は降水量が多く、住民はトウジンビエなどを栽培している。それぞれの地域に対応した研究を行うためである。農場にはキリンやシマウマを放牧している場所もあり、魅力的だ。農場のなかの実験圃場に網室があるのを見つけた。害虫の研究かと聞くと、逆であった。モパネという木を食べるガを育てて、農民の収入増加につなげるという。森林伐採によって樹木が乏しいこの地域で、モパネは建築材として植樹される。ガの幼虫の糞が作物の肥料として有用であるだけでなく、幼虫は食物として市場で売れる。いもむしを売って得た収入で中古車を買った人もいるという。作物と樹木を一緒に育てる農業はアグロフォレストリーと呼ばれるが、副産物も利用されることがある。ラオスの焼き畑や水田ではさらに多様な生物が利用されている（第六章参照）。日本の里山でも、肥料や飼料をとる低林や草地でワラビやきのこを採っていた。

あちこちの水田で、魚が水田に入れるようにする水田魚道の設置され始めている。自治体によっては、減農薬や無農薬栽培と魚道の設置を条件に認証制度を設けているところもある。しかし、設置した農家の人と話をすると、面白いから設置したというのが本当らしい。滋賀県高島市で水田に手作りの魚道を設置した石津さんは、田んぼで鯉をつかまえた子どものころの思い出を語ってくれた。湖岸に近い田んぼでは、一九七〇年代に基盤整備がなされるまでは、大雨が降ると田んぼが水浸しになり、コイやナマズが大勢入ってきたそうだ。そうした子どものころの体験があって、魚道を楽しむことができる。

もともとフナ類やナマズは、大雨が降ると川や湖が増水してできる一時的な湿地、氾濫原に産卵していた。氾濫原は浅くて、太陽の光が十分に届くので水温も高く、増水後に藻類やプランクトンが大量に発生する。孵化した稚魚は十分な餌を食べて育ち、夏には本流に帰っていく。人間が氾濫原を水田に変えても、魚たちは長く水田を産卵場所として利用してきた。ところが、基盤整備による用排水路のコンクリート化と水田との高低差などによって、魚が容易に水田に入れなくなってしまった。魚が入らなくても米づくりには支障はない。

生物多様性を楽しむ農業は、一種類の作物だけの生産効率を高める方法とは異なっている。世界的な人口増加や気候変動のもとでの食料リスクの影響を緩和する上では優れているかもしれない。中島（一九四八）が唱えたような新たな循環型生産ともつながる。しかし、普及のためには流通も含めたうまい利用方法の開拓が必要である。

里山再生と環境教育

一九八〇年代から始まった里山再生は、都市住民による公園づくりから、中山間地住民と都市住民の協働による地域社会再生へと変化してきた。里山保全活動は、自然保護、中山間地の地域再生や循環型社会の構築、自然資源の有効利用などグリーンツーリズムなどさまざまな目的でなされる。その多くは、子どもたちの自然体験や環境教育を実施していると思われる。

丹後半島の山間地里山で研究と地域づくりの両方を行ってきた深町（二〇〇七）は、活動を以下のようにまとめている。ここでの里山保全再生活動は、大きく二つの方向性がある。ひとつは棚田の保全・再生・活用であり、二つめは地域文化の伝承のための里山林の管理である。

地域住民の生活基盤は稲作であり、かつては水の利用が可能なかぎり水田として利用されてきた。集落周辺から山間部にかけて広がる棚田は、この地の文化的景観を構成する主要な要素である。源流部のブナ林からもたらされる豊富で良質の水を活かしながら生産される米は、どぶろくや酢などの原料ともなって豊かな食文化を築いてきた。ＮＰＯ法人里山ネットワーク世屋は、二〇〇三年に設立された。棚田米を使った醸造会社、藤織り保存会、都市住民に農業を教える塾を主宰する移住者、ペンション経営者、建築家、学生、そして世屋で長年生活している農家などがＮＰＯの輪に加わっている。世屋の里山文化伝承の場として拠点の整備、衣・食・住を通した里山管理、環境教育やレクリエーションの場としての里山利用などの活動を行っている。地元農家や企業などと連携しながら、米づくりを地域住民の生活基盤として強化する試みも行われている。二〇〇四年より開始された米づくり体験の企画では、周辺地域の家族連れのほか、京都市からの学生など、若者を中心とする参加者が集まった。

地域文化の伝承のための里山林の管理の事例として、笹葺き民家の再生がある。笹葺き家屋再生活用コンソーシアム（笹葺きパートナーズ）は、丹後半島の笹葺き家屋の再生、活用を目的とした活動を行っている。このコンソーシアムは二〇〇四年より活動を開始し、農山漁村地域の住民と都市住民の連携による、里山の再生（笹刈り）、地域固有の文化の伝承、地域特性を活かした持続性のある小さな事業の起業、自然環境の保全を目的としている。通常の大きさの民家を一棟葺替えるには、数千束のチマキザサが必要になり、それに相当する量を持続的に確保することは、管理放棄されていた里山林を持続的に利用、管理していくきっかけになる。笹刈りは里山林の管理と連動している。立命館大学の学生組織である丹後村おこし開発チームのほか、笹葺き職人などの専門家、学識者、企業、財団法人など多様な主体が参加している。

自然体験や自然スペースでの遊び方の貧困化への対応として、行政や市民ボランティアなどによって自然体験プログラムが各地で実施されている。兵庫県西宮市にあるNPO法人こども環境活動研究所では、人手不足から維持できていない農地を借用し、都市市民が年間を通じて参加し、自然との対話能力育成につながる活動を実施している。滋賀県では幼児期における身近な自然体験を促進するため、二年間の実践、検証、改良のプロセスを経て、自然体験学習プログラム集『うぉーたんの自然体験プログラム』を作成し、県内の幼稚園・保育所を中心にプログラム集の活用および実践の普及を進めている（滋賀県 二〇〇五）。宮崎県綾では、照葉樹林プロジェクトとあわせて、綾の自然を活かした環境教育プログラムの開発のために、二〇〇五年・二〇〇六年に九州森林管理局が社団法人日本森林技術協会に委託して、「綾川流域森林環境教育資源調査」が行われた。子ども向けには、ネイチャーゲームによる環境教育が行われている（相馬・石田　未発表）。ここでは、米国のナチュラリスト、ジョセフ・コーネル氏により発表された、見る、聞く、触るなどさまざまな感覚を使って自然を直接体験する活動。現在一三〇種類以上の活動があり、自然に関する特別な知識がなくても、豊かな自然の持つさまざまな表情を楽しむことができる。研修を受けたネイチャーゲームリーダーが自然案内人として指導にあたっている（社団法人日本ネイチャーゲーム協会 http://www.naturegame.or.jp/）。

大学での取り組みも増えつつある。金沢大学では、二〇〇五年にキャンパス内に角間の里山自然学校を創設した。地域と大学の連携で新しい里山利用を学び研究する取り組みへと発展している。また龍谷大学では、キャンパス移転を契機に二〇〇一年に「龍谷の森の保全と環境教育の可能性」を開催し、後に里山学研究センターの開設につながった。センターでは、大学間里山交流会を開催しているが、二〇一〇年には中部大学、京都女子大学、金沢大学、愛媛大学、信州大学、宇都宮大学、岩手大学、長野大学、龍谷大学が参加した。

さらに草の根的な取り組みは数多いだろう。滋賀県甲賀市で活動を行う水口里山元気会は、定年退職した高校の先生が、自己所有の里山を仲間とともに管理し、市内の保育所や小学校の子どもたちを受け入れている。

伝えることと持続可能性

里山について伝えることと里山を伝えることは一体となっている。しかし、伝えるとは変わらないことではない。生物は遺伝子を伝えるためにその一部を少しずつ変えるという戦略によって、環境の変化に対応してきた。不易流行という言葉がある。「不易は永遠性であり、流行はその時々の新風。この二つは根元においては同一であるという。里山も無常であったようだ。

宮本常一は、「高清水というところは、天明の飢饉（一七八三年）のときは名主の家が一軒残っただけで、あとは死に絶えるか退転したという。ところが世のなかが落ち着くと、どこからともなく人がやって来て住み着いた」（宮本　二〇〇五：一三頁）と書いている。

ジャレド・ダイアモンドは、中国が文明の早いスタートを切りながら、ヨーロッパに後れをとった原因として、強大な国家に統一されてしまったからだとしている（ダイアモンド　二〇〇〇：下巻二〇八頁）。過去一〇〇〇年の中国はすぐれた革新的技術を生み出しながら、変革を好まない支配者が進歩を止めてしまった。ヨーロッパでは小国が技術を競い合い、ある小国に受け入れられなかった技術も別の小国で受け入れられた。

生態系が持続しているのは、太陽から供給されるエネルギーによって、物質の循環がなされているからだ。これに加えて、生物では持続性は多様性と強い関係にある。増殖という点では効率の悪い有性生殖が進化したのは、同じ遺伝子を持ったクローンでは環境の変化に対応できないからである。また、ひとつの集団としてでなく、いくつかにわかれていた方が絶滅しにくい（メタ個体群）。ムダがあることも大切で、今日多数の生物が絶滅しているにもかかわらず生態系の機能が維持されているのは、絶滅した種のニッチを他種が埋めることができるという冗長性のおかげである。しかし、産業革命以後の近代化は、エネルギーの供給以外では、持続性とはまったく逆のことを進めてきた。循環を破壊し効率だけを求めた均質な生産と消費である。

生物多様性を保全するための行動をとることのできる市民を育てるには、生物多様性に関する幅広い知識を身につけることが必要である。これには、生態学や生物学の基礎知識だけでなく、地理学や経済学、家庭科、文学や美術など、既存のさまざまな教科で生物多様性との関連を示すことが重要である。

さらに重要なことは、生活のさまざまな場面で、生物多様性にとって有意義な行動を選択できる能力を習得させる。これには、自分自身と他人の信念や価値感を理解する能力とコミュニケーション能力が含まれる。生物多様性の保全には、常に文化的な背景に持つ信念と価値感の違いによる衝突がつきまとう。里山での生物多様性保全は、資源の活用と循環の仕組み、文化の継承、人と人との関係の構築などと切り離せない。

引用文献
安達生恒　一九七五「なぜ里山は活用されないか」『農林統計調査』二五（一一）：一〇―一五頁。
井手久登・武内和彦　一九八五『自然立地的土地利用計画』東京大学出版会、二二七頁。
奥沢康正・奥沢正紀　一九九八『きのこの語源・方言辞典』山と渓谷社、六〇七頁。
小椋純一　一九九六『植生からよむ日本人のくらし』雄山閣出版、二四六頁。
嘉田由紀子　二〇〇二『環境社会学』岩波書店。
木下陸男　一九八七「里山保全運動のこれまで」『都市と自然』一九八七（一）：四―五頁。

国土庁　一九八七『第四次全国総合開発計画』一四二頁。
国土庁　一九九八『新・全国総合開発計画　二一世紀の国土のグランドデザイン――地域の自立の促進と美しい国土の創造』一四二頁。
斉藤政美　一九九五『おばあさんの植物図鑑』葦書房、二三七頁。
桜井厚　一九八四「川と水道――水と社会の変動」鳥越皓之・嘉田由紀子編『水と人の環境史――琵琶湖報告書』御茶の水書房、一六四―二〇四頁。
滋賀県　二〇〇五『うぉーたんの自然体験プログラム』http://www.pref.shiga.jp/d/ecolife/kankyo-youji/02.html（二〇〇八年一二月二六日参照）
重松敏則・高橋理喜男　一九八二「レクリエーション林の林床管理に関する研究――アカマツ林における下刈りが現存量に及ぼす効果」『造園雑誌』四五（三）：一五七―一六七頁。
四手井綱英　一九七二「水田の稲掛け」『自然』一九七二年一〇月号、二二―二三頁。
渋沢敬三　一九六〇『魚名考』角川書店。（嘉田二〇〇二より）
ダイアモンド、ジャレド　二〇〇〇『銃・病原菌・鉄』倉骨彰訳、草思社。
武内和彦　一九七四「景域構造分析の方法論的考察」『応用植物社会学研究』三：一―二二頁。
武部善人　一九八一『河内木綿史』吉川弘文館、二七五頁。
タットマン、コンラッド　一九九八『日本人はどのように森をつくったのか』熊崎実訳、築地書店、二〇〇頁。
田端英雄編　一九九七『里山の自然』保育社、一九九頁。
千葉徳爾　一九九一『はげ山の研究』そしえて、三四九頁。

中越信和　一九八八「日本における二次林の存在様式」『地理科学』四三（三）：一四七―一五二頁。
中島道郎　一九四八『農用林概論』朝倉書店、二三二頁。
日本生態系協会　二〇〇八『全国学校ビオトープ・コンクール報告書』二〇〇七：一八―一九頁。
乗本吉郎　一九七五「地域性とつり合った農民的利用を」『農林統計調査』二五（一一）：二九―三四頁。
林健一　一九五五「平地経済林の経営経済的意義」『農業技術研究所報告』H一五：五一―七九頁。
林健一・南侃　一九五一「農業経営の林野依存に関する一考察」『農業技術研究所報告』H二：四五―五九頁。
日浦勇　一九七八『蝶のきた道』蒼樹書房、二三〇頁。
深町加津枝　二〇〇二「丹後半島における明治後期以降の里山景観の変化」『京都府レッドデータブック下巻　地形・地質・自然生態系編』三七二―三八二、京都府企画環境部環境企画課
深町加津枝　二〇〇七「自然再生――文化の視点」森本幸裕・白幡洋三郎編『環境デザイン学』朝倉書店、一七七―一八九頁。
深町加津枝・佐久間大輔　一九九八「里山研究の系譜――人と自然の接点を扱う計画論を模索する中で」『ランドスケープ研究』六一：二七六―二八〇頁。
松田修　一九八〇『古典植物辞典』講談社、三四九頁。
丸山康司　二〇〇七「環境意識と生物多様性」鷲谷いづみ・鬼頭秀一編『自然再生のための生物モニタリング』東京大学出版会、八九―一〇六頁。
宮本常一　二〇〇五『日本文化の形成』講談社、二五〇頁。
村尾行一　一九八二「『里山問題』の所在とその打開方向――Raumordnung 的視角からの実学的研究

（一）」『農村計画学会誌』一（二）：一六―二五頁。
守山弘　一九八八『自然を守るとはどういうことか』農山漁村文化協会、二六〇頁。
山本勝利　二〇〇一「里地におけるランドスケープ構造と植物相の変容に関する研究」『農業環境技術研究所報告』二〇：一―一〇五頁。
吉田寛一　一九七五「里山を活かすとはどういうことか」『農林統計調査』二五（一一）：一六―二一頁。
Marsh, G.P.（1864）*Man and Nature; or, Physical Geography as Modified by Human Action*. Charles Scribner, New York, p.465.
Pinchot, G.（1910）*The Fight for Conservation*. Doubleday, Page & Company, New York, p.152.

【コラム】子どもたちから遠くなった自然

今西亜友美

林、川、水田、草原といったさまざまな自然要素を含んだ里山は、子どもの多様な自然体験の場として重要である。子ども時代の遊びを通した自然体験は、動植物（大越ら二〇〇三、二〇〇四）やその生息空間の認識（重根ら二〇〇五）を促すだけではなく、感性を発達させることに寄与（若杉ら一九九七、山本・杉浦二〇〇〇）し、さらに成長後の自然観や環境価値観に影響を及ぼす（呉・無藤一九九八）ことが指摘されている。

子どもの遊び環境は一九六五年前後を境に急激に悪化し、一九五五年ごろから一九七五年ごろの遊び環境を比較したとき、遊び時間・空間の減少、遊び方法の貧困化、遊び集団の縮小が著しいことが報告されている（仙田一九八三）。一九七五年ごろと一九九五年ごろを比較しても、遊び時間・空間の減少、外遊びの貧困化、遊び集団の同年齢化が指摘されている（仙田ら一九九七）。このうち、林や川などの自然スペースでの遊びは、時間、空間ともに減少し続けている。

自然スペースにおける遊びには、動植物の採集、捕獲や川での水遊び、植物を用いた造形遊びなどがあげられる（木下一九九三、大越ら二〇〇四）。里山における遊びの変容については、茨城県におけるケーススタディがあり、一九五〇年代後半ごろから始まる里山の変化期以前には、鳥の捕獲遊びや植物の薬としての利用といったいくつかの特徴ある遊びが行われ、林はあるが管理放棄され、里山の質の低下が始まった時代にも、変化期以前と変わらず、食用となる植物の採取や昆虫採集などの多様な自然体験が行われていた。しかし、都市化により林が開発され里山空間が減少した時代になると、遊びや利用の対象となる動植物の種類が減少したことが報告されている（大越ら 二〇〇四）。

また、水辺遊びの変容については、奈良県生駒郡平群町におけるケーススタディがあり、戦前から現代にかけて、学年が上がると遊びの内容が高度になるという「遊びの質の段階性」や、遊びでとった魚を食料とする「食とのつながり」がなくなったこと、「遊び場所の拡がり」や「遊びの種類」についても、川や池に直接入り面的な拡がりを持った遊びをしていたのが、「つり」や「ザリガニとり」などの川や池に直接入らない点的な遊びとなったこと、「遊び仲間」も異世代から同世代へ変化したことがあげられている（佐竹・上甫木 二〇〇四）。

また、農村部と都市部との比較から、良好な自然スペースが身近にあっても、現代の子どもはそれらの場所で遊ばない、遊べないといった遊び能力の貧困化が指摘されている（仙田ら 一九九七、大澤 二〇〇五）。

外遊びの時間が減少した主要な要因として、テレビや家庭用テレビゲーム機、インターネットなどが普及したことが考えられる（仙田 一九九三、仙田ら 一九九七）。これらの遊びは、屋内で身体を動かさずとも強い刺激が得られるため、子どもに好まれる。このほかに、学習塾などの習い事により、遊び時間そのものが減少していることなどが要

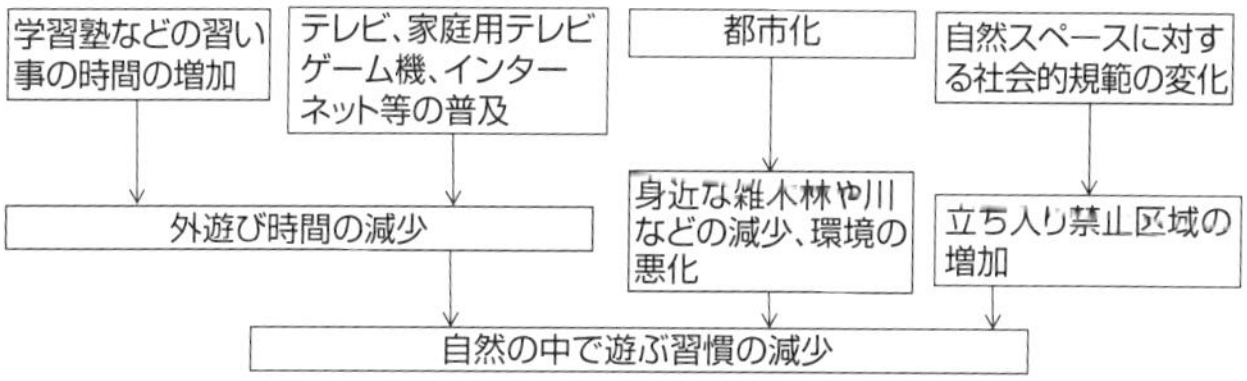

図１　子どもの自然体験の減少の要因

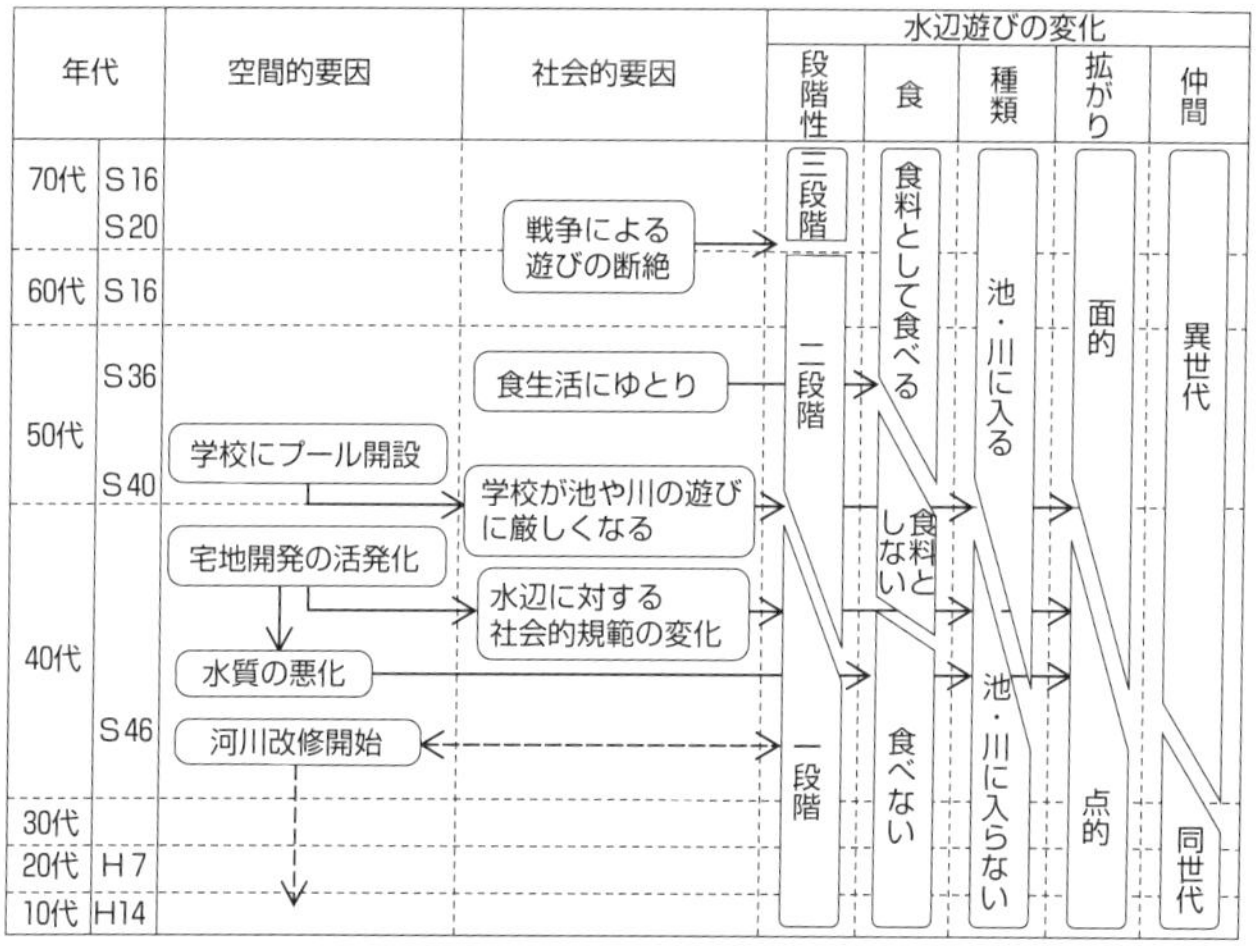

図２　奈良県生駒郡平群町における水辺遊びの変容の要因

（出典）佐竹・上甫木 2004：112頁。

因として考えられる（図1）。

自然スペースでの遊びが減少した要因としては、上記のほか、都市化により身近な雑木林や川などが減少し、安全のため立入禁止になっている場所もあるため、自然スペースに入ることができなくなったことがあげられる（村瀬・落合 二〇〇七）（図1）。一方で、自然豊かな地域に住んでいる子どもでも、都市部の子どもと同じくらい自然体験が希薄であることが報告されており（仙田ら 一九九七）、近年、子どもが自然のなかで遊ぶ習慣が減少してきていると考えられる。

水辺遊びの変容の要因について、奈良県生駒郡平群町におけるケーススタディでは、空間的要因としてプールの開設、水質の変化があげられ、社会的要因としては戦争によって遊びの伝承が途絶えたこと、食生活の変化、水辺に対する社会的規範の変化が指摘されている（佐竹・上甫木 二〇〇四）（図2）。この地域では、自然護岸からコンクリート護岸への河川改修は、水辺遊びが変化した後に開始されており、直接の要因とはなっていない。しかし、茨城県におけるヒアリング調査では、水辺に接する機会が減少したことの要因のひとつとして、堤防が高くなったなどの人為的な地形改変もあげられている（大越ら 二〇〇四）。

引用文献

大越美香・熊谷洋一・香川隆英 二〇〇四「里山における子ども時代の自然体験と動植物の認識」『ランドスケープ研究』六七（五）：六四七―六五二頁。

大越美香・熊谷洋一・香川隆英・飯島博　二〇〇三「水辺における子どもの遊びの変遷と動植物に対する認識」『ランドスケープ研究』六六（五）：七三三―七三八頁。

大澤啓志　二〇〇五「農村部および住宅市街地の小学生の水辺遊びと生き物体験」『農村計画論文集』七：一三―一八頁。

木下勇　一九九三「三世代の聞き取りによる農村的自然の教育的機能とその変容　児童の遊びを通してみた農村的自然の教育的機能の諸相に関する研究　その二」『日本建築学会計画系論文報告集』四五〇：八三―九二頁。

呉宣児・無藤隆　一九九八「自然観と自然体験が環境価値観に及ぼす影響」『環境教育』七（二）：二―一三頁。

佐竹俊之・上甫木昭春　二〇〇四「世代別で捉えた子どもの水辺遊びの変容に関する研究――奈良県生駒郡平群町におけるケーススタディー」『環境情報科学論文集』一八：一〇七―一一二頁。

仙田満　一九八三「都市化によるあそび空間の変化の研究」『都市計画』一二六：八七―九二頁。

仙田満・三輪律江・岡田英紀・渡辺拓・矢田努　一九九七「日本における一九七五年頃から一九九八年頃の約二〇年間におけるこどものあそび環境の変化の研究」『都市計画』二一一：七三―八〇頁。

村瀬浩二・落合優　二〇〇七「子どもの遊びを取り巻く環境とその促進要因――世代間を比較して」『体育学研究』五二：一八七―二〇〇頁。

山本義史・杉浦嘉雄　二〇〇〇「自然体験キャンプが児童の心理的健康および自然観に与える効果(三)――自然体験に伴う感覚・感性評価の試み」『日本教育心理学会総会発表論文集』四二：四九一頁。

若杉純子・川村協平・山田英美　一九九七「幼児における自然体験と感性の関わり」『日本保育学会大会研究論文集』五〇：六九〇―六九一頁。

第6章

森の実践から学ぶ生物多様性の保全

横山　智

人類の生態史と土地利用転換

かつて人類は、狩猟採集に多大な時間を費やしていた。なぜなら、ヒト（*Homo sapiens* ホモ・サピエンス）は、飛び抜けて高い身体能力を持つ動物ではないからである。陸上では、チーターのように猛スピードで走って獲物を捕まえたり、オオカミのように粘り強く何時間も獲物を追い回したりするような持続力を持っていない。サルのように木に登って高いところに生る実を採ることもできないし、川や海に潜って素手で魚を掴まえることもきわめて困難である。雑食動物である人間は基本的には何でも食べることができるが、野良猫や野良犬のように落ちているものを食べることはできない。ヒトがそんなことをすれば、すぐに食中毒になってしまう。そんなわれわれ人類が生き残りをかけて、子孫を増やすために行ってきた活動が、野生植物の栽培化と野生動物の家畜化である。

約二〇〇万年前、考古学的には旧石器時代とされる時代に人類は石の道具をつくるようになり、狩猟効率が格段に向上した。それでも捕獲量は少なく、食料に見合うだけの人口しか維持できなかったため、人口の増加はなかった（ハリス 一九九〇：一九一―二二二）。大きな転換は、約一万年前にわれわれの先祖が、野生植物を栽培し始め、野生動物を飼い慣らし始め、そして定住化するようになってからである。すなわち、農耕の幕開けである。獲物を追うために移住を強いられる狩猟採集民は、幼児を連れて移動することができないので、先に産まれた子どもが大人とともに歩ける年齢にならなければ次の子どもは産むことができず、必然的に出産間隔を長くせざるをえなかった。しかし、定住化した農耕民は、養えるかぎりのたくさんの子どもをより短い出産間隔で産むことができた（ダイアモンド 二〇〇〇：一二二―一二九）。

最終的にヒトは、世界各地の自然環境や文化にあわせて、何千もの植物を栽培化し、何十かの動物を家畜化した。野生植物の栽培化と野生動物の家畜化は、人口支持力を飛躍的に増大させることに大きく貢献したが、一方で、増え続ける人間を養うために、定住化した地域では、食料の増産が迫られるようになった。農耕の初期段階は、自給的なポリカルチャー（多品種小面積栽培）であったが、生産効率を高めるために集約的なモノカルチャー（単一種大面積栽培）へと変化していった（図1）。

一七〇〇年までは、農地は地球表面積のわずか二～三％にすぎなかったが、ヨーロッパ人による海外植民地化とともに、開拓入植者たちが、北米、南米、南アフリカ、ロシア、そしてシベリアに進出し、さらに中国でも周辺部や内陸部の山地斜面の開拓が始まった（マクニール 二〇一一：一六七―一七〇）。その結果、図1の「開拓」から「自給」へのステージへと変わり、農地が急激に増加した。とりわけアメリカ大陸とユーラシアの草原は容易に開拓できたので、大面積が農地へと変わった。二〇世紀に入ると開拓のスピードは衰えるが、化学肥料、殺虫剤、灌漑、農機具、および品種改良などの普及によって、図1の「進展」から「集約」のステージへの変化に見られるように、自給農業が商業的な集約農業へとなっていった。

産業革命以降、人口は急増し（図2）、二〇一〇年には約六九億人を超えた。ヒトは地球上で最も個体数の多い哺乳類となり、ヒトによる空間的占有（開拓と農地拡大）と質的画一化（効率を追求したモノカルチャー）は、技術の進歩に支えられて急速に進んでいる。現在の集約農業の段階は、我が物顔に地球の環境を改変してきたヒトにとっては居心地のよいものかもしれないが、ヒト以外の生物にとっては、住みにくい環境をつくりだしていることは間違いない。ヒトが生存し続ける代償として、生物多様性が犠牲にされてきたのであるが、最大の問題点は、ここ数十年というきわめて短い時間で、生態系の改変が行われたことである。

国連ミレニアム生態系評価が提示した「基盤サービス機能」「供給サービス機能」「調節サービス機能」「文化的サービス機能」の四つの「生態系サービス」は、生物が多様であることによって発揮され、人間に利益をもたらすとする概念である（中静 二〇〇五）。地表面の多くがヒトの食糧のため、また化石燃料に変わる次世代燃料のために集約的な農業に利用されている現状において、これらの「生態系サービス」を享受するために必要とされる多様な生物が生きる空間をいかに確保していくのか、早急な検討が必要である。

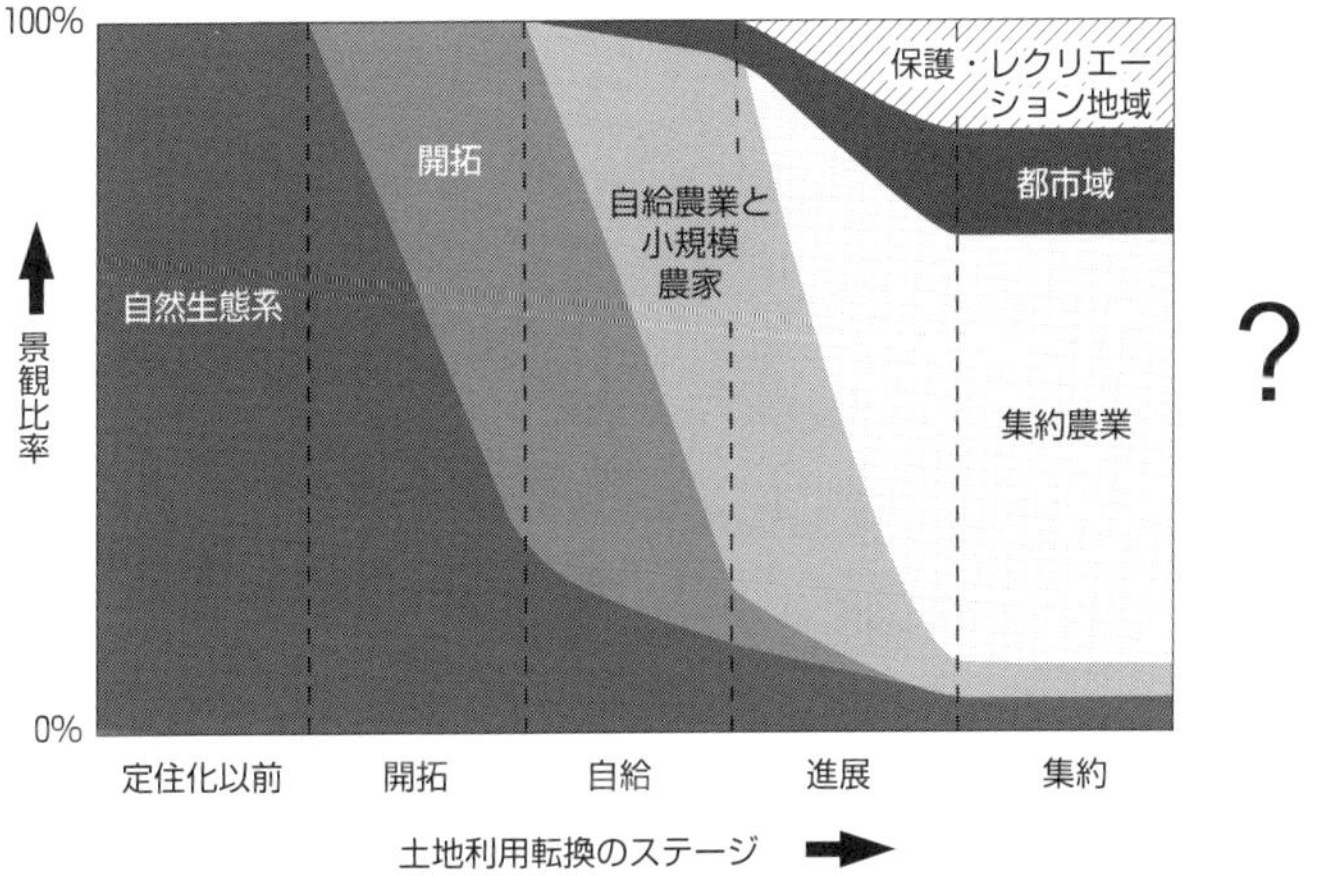

図1　土地利用転換

（出典）Foley et al. 2005.

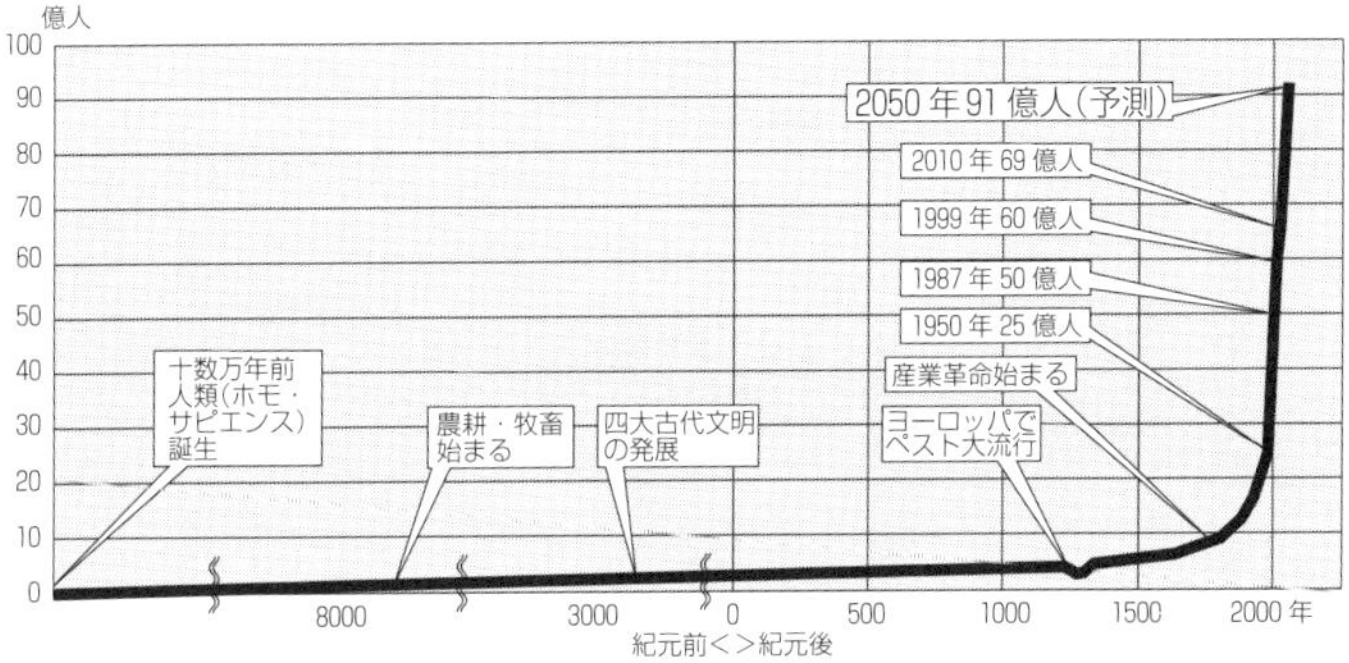

図2　世界人口の推移

（出典）国連人口基金東京事務所　http://www.unfpa.or.jp/（2010年11月25日アクセス）。

この章では、これまでの生物多様性の保護・保全の議論のなかで、とりわけ大切だと思われるいくつかの視点を紹介しながら、東南アジアのラオス山地部の人々の暮らしを事例にして、ヒトがどうやって自然と向き合い、そして生物多様性を維持しながら経済活動を続けていけばよいのか考えてみたい。

「生物多様性」と「緑の革命」

おそらく、ヒトが野生の植物を栽培化し始めたころは、ヒトと他の生物の関係はまったく違ったであろう。ヒトが自然に手を入れて食糧を生産するとしても、ポリカルチャーの形態では、農地特有の生物相を育むことができた。なぜなら、被子植物の多くは、花粉を運んで受粉(他家受粉)するための送粉者となる昆虫や動物が必要であるし、肥沃な土壌の形成には、各種のバクテリアや微生物、そして菌類などの地中にいる生命体の働きが必要であったからである。私たちの先祖は、農耕が始まった約一万年前から二〇世紀半ばまでの長い間、各種生物と共存しながら作物を栽培してきたのである。しかし「緑の革命」以降の農業は、ヒトと他の生物との関係をまったく異なるモノへと変えてしまった。

「緑の革命」とは、先進国から途上国へと移転された農業の技術的・経営的な総合パッケージである。植物遺伝学者が化学肥料と灌漑用水への反応性、害虫への抵抗力、最終的には機械化された収穫との親和性に優れた性質を持つ品種を選択し、主にコムギ、トウモロコシ、そしてイネといった主要作物でまったく新しい高収量品種をつくりだし、それを世界に普及させた。粒が詰まった重い穂に耐えることができる短く強い茎に特徴づけられる矮性《わいせい》のコムギとイネがその代表といえる。

これら高収量品種の開発は、急増する人口を支えるという点においては大成功を収めた。メキシコで交配種トウモロコシと高収量小麦の改良品種を開発したアメリカの農学者で、「緑の革命」の祖であるノーマン・ボーローグは、世界の食糧不足の改善に尽くした功績で一九七〇年にノーベル平和賞を受賞している。しかし「緑の革命」は、予期していなかった結果を招いた。それは、初期の「緑の革命」では、それを成功させるためには、新しい資本投入、これまでとは異なる農業形態への転換、そして農業機械の導入を必要としたからである。新しい高収量品種は、農薬散布や灌漑施設、そして機械収穫が前提となり、従来のポリカルチャーのような形態では、その導入が難しかった。よって、高収量品種を導入した地域では、土地利用をモノカルチャーへと転換することが求められた。しかし、モノカルチャーは病害虫に弱い。初めのうちは農薬の散布が有効でも、次から次へと新しい病害虫が現れる。そのため、農民は多種大量の農薬を散布するようになった。しかし、その行為が薬剤抵抗性害虫を育成し、農民と病害虫のイタチごっこを招くことになった（マクニール 二〇一一：一七一―一七七）。

また、農薬などの化学物質は、アメリカで一九六二年に出版されたレイチェル・カーソンの『沈黙の春』で取り上げられて問題視されたように、生態系に大きな影響を及ぼすことが明らかになった（カーソン 一九八七）。たとえば、染色体異常、各種中毒症状、そして発癌性が指摘されている有機塩素系農薬のＢＨＣ（ベンゼンヘキサクロリド）は、土壌中から九五％が消失するのに、三～一〇年もの時間が必要とされている。作物の根から吸収されたＢＨＣはコメだけではなく、稲藁を飼料とする家畜も汚染した（都留 一九九四：八六―八八）。ＢＨＣやＤＤＴ（ジクロロジフェニルトリクロロエタン）などの有機塩素系農薬は、値段が安い割に殺虫効果が高いため、途上国を中心に広く使用され、「緑の革命」の立役者であった。先進国では、すでに使用が禁止されているが、途上国では現在でもマラリア対策などの公衆衛生的な理由で利用されている。

増加する人口を支える「緑の革命」の高収量品種は、人類にとって重要な役割を果たしたが、その成功と引き替えに、生物の多様性を減少させた。加えて、灌漑施設が必要な「緑の革命」は、在来農法と比較すると大量の水を利用し、水資源の枯渇という問題も引き起こした。経済的な側面では、「緑の革命」には、種子・肥料・農薬・機械を購入する資金、土地、そして水といった資本と資源へのアクセスが必須とされ、結局のところ、それらを持たない小農や小作農などの貧困な農民層は、「緑の革命」の恩恵を何も享受できなかった。農業生産性が増大しても、いまなお一部の途上国で飢餓がなくなっていないのは、そうした「緑の革命」から取り残された人たちが多いからだといえる。

シヴァ（二〇〇六：三〇—三二）は、ポリカルチャーとモノカルチャーを比較すると、ポリカルチャーは、一〇〇単位の食糧を生産するのに五単位の資源投入を必要とするが、モノカルチャーは、同じ一〇〇単位の食糧を生産するのに三〇〇単位の資源投入を必要とすると述べ、その差の二九五単位をポリカルチャーに投入すれば、五九〇〇単位の食糧を提供でき、飢餓にも対処可能だと論じる。

さらに、バングラディシュで発生している地下水のヒ素汚染と「緑の革命」との関係性も議論されている。いまだに正確な汚染原因はつかめていないが、「緑の革命」によって大量に投与された肥料と地下水の大量汲み上げによって、バクテリアの発生を促し、土壌中の酸素を消費することによる還元作用でヒ素が溶け出しているという説が有力視されている(谷 二〇〇五)。

農業生産性の向上だけを目指した「革命」は、今となってはヒトを含めた生物すべてにとって危機的な状況をもたらした。ヒトと他の生物との持続的な共存と飢餓を終わらせるためには、食糧の一時的な増産ではなく、その生産を持続的なものにすることが求められているのではなかろうか。

ラオス農民の生存戦略と生物多様性

森と共生する豊かな暮らし

筆者が主に調査を実施している東南アジアのラオスでも、メコン河支流の沖積平野では多くの農家が高収量品種のイネを灌漑水田で育てている。一方、雨水頼りの天水田や焼畑による稲作が中心の山地や盆地では、今でも在来品種のイネを栽培している農家が多い。ところが、在来品種のイネしか育てられない山地部の人々の暮らしは、意外に豊かである。多くの余剰米は得られないが、森から多くの野生植物を採取できるので食べ物の入手にはまったく困らない。自然と共存して生活を営んでいるという意味で、かなり豊かな暮らしを営んでいる。ここで、ラオスの山地部の農民の豊かな暮らしと彼らの生存戦略を紹介したい。

ラオス北部の山地部には、現在でも徒歩でしかアクセスできないような地域も多い。筆者が調査を実施している地域も、そんな不便な地域のひとつで、メコン支流を三時間半ほどボートで移動しなければそこにたどり着くことができない。村によっては、そこからさらに五時間も山道を歩かなければならない。まさしく陸の孤島と形容するにふさわしい地域である。そんな陸の孤島でも、低地の平野部とは違った形で住民は市場にアクセスができる。そこでは、二ヵ所の定期市が一〇日に一度の頻度で開催されており、町から商人がやってくるのである。その定期市では、商人がさまざまな商品を販売するほかに、農林産物の仲買人も多く訪れ、住民が焼畑で栽培するコメやゴマなどの作物、そして森林から採取する林産物を買い取ってくれる（Yokoyama 2010）。

林産物の種類は、「安息香」と呼ばれるトンキンエゴノキから採取される芳香性樹脂をはじめとして、ホウキの材料となるイネ科のタイガーグラス、紙の原料となるカジノキ樹皮、線香の基材として使用されるイラクサ科の樹皮、漢方薬として利用されるショウガ科のナンキョウの実やカルダモン、またラタンの実など、計七種類である。それらは、最終的には海外に輸出されている。加えて、タケノコ、食用としてのラタンの茎、川のり（シオグサ属）、コタケネズミ、イノシシ、シカ、各種の川魚、そして多種多様な昆虫（とくにフンコロガシ、タケットガの幼虫、タイガーグラスの枝にいる蛾の幼虫など）が採取されていた（写真1〜12）。

焼畑は樹木を伐採、火入れして造成される耕地である。ラオスの場合、一年間だけ作物（主に陸稲）を栽培した後、一定の休閑期間を経て植生を回復させて再度その土地を利用する。焼畑は、適切な火入れ技術を用い、また十分な休閑期間を維持すれば持続的な農法である（横山二〇〇五）。調査地域では、二〇〇二年の時点で、八〜一二年の長期休閑期間が維持されていた。この長期休閑の焼畑が安定した林産物の採取を支えており、この地域で採取される林産物

表１　ラオス北部住民が利用している
代表的な植物資源と植生の関係

植生 ＼ 植物資源	焼畑休閑地（数字は休閑年数）						若い森	古い森	水辺の森	河川
	1	2	3	4	5	6-10				
カルダモン					○	○	○	○	⊙	
安息香				○	○	⊙	○			
プアックムアック		○	⊙	⊙	⊙	⊙	⊙	⊙		
カジノキ		○	○	○	○	○	○	○	⊙	
野生ショウガ			○	○	⊙	⊙	⊙	⊙		
タイガーグラス	⊙	⊙	○	○						
ラタン							⊙	⊙		
タケノコ(ノーホック)					○	○	○	○	⊙	
タケノコ(ノーコム)							⊙	⊙		
クレソン(パックナーム)									⊙	
川海苔(シオグサ)										⊙

⊙：かなりたくさん採取できる　○：採取可能

（出典）Yokoyama 2004を変更。

七種類のうちラタンを除く六種類を焼畑休閑地から採取していた（表1）。しかも休閑期間によって採取する林産物の種類が異なり、住民はどの休閑地で何が採取できるのか熟知している。

住民の現金収入の多くは、林産物の販売によるものである。二〇〇一年の調査では、道路のない山地部の農家八〇世帯の平均年収は日本円に換算して、年間約三万五〇〇〇円であった。一方、同じ地域の小学校教員の年収は約四万二〇〇〇円であった。道路もない陸の孤島のような山地部にもかかわらず、農家の年収は、公務員である小学校教員とそれほど変わらない。農家はコメを焼畑で自給用に生産しているが、小学校教員のような公務員は焼畑を行っていないのでコメを購入しなけ

写真1　安息香（*Styrax tonkinensis*）

写真2　タイガーグラス（*Thysanolaena maxima*）

写真3　カジノキ樹皮（*Broussonetia papyrifera*）

写真4　現地名プアック・ムアック（*Boehmeria* spp.）

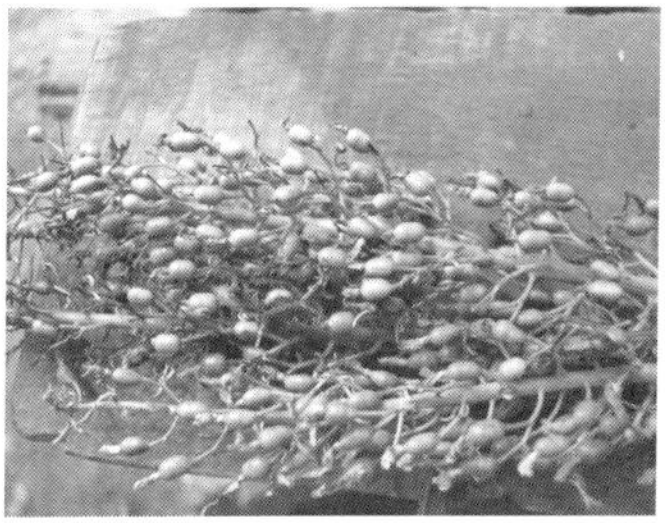

写真5　ナンキョウの実（*Alpinia galanga*）

写真6　カルダモン（*Amomum* spp.）

ればならない。その点を考慮すれば、山地の農家のほうが経済的には豊かであろう。

山地部の農家収入の内訳をみると収入の五六・七%は林産物販売による収入であった。焼畑の休閑で形成された二次林は、林産物や各種生物を採取する場として重要な役割を担い、採取されたモノが住民にとって大きな経済的な収入となっている。加えて、焼畑として利用する以外の森や河川も食料を採取する場として重要な役割を果たしている。村落周囲の自然を上手く利用しながら、林産物を持続的に採取することで住民の暮らしは支えられているので、山地部の人々は決して森を荒廃させるようなことはしない。

また、森は山地部の人々にとって、経済的な側面だけでなく精神的な側面でも、重要な場所として機能している。山地の人々は森には多くのカミが宿ると信じている。村には必ず「精霊の森(パー・サックシット)」と呼ばれ、死者を埋葬するために使用される森がある。生前、森を利用して生きてきた人々の魂は、死後に森へと帰る。住民は、森のカミへの畏怖により、「精霊の森」で樹木を伐採したり、猟をしたりしない。このような精霊信仰は、森林資源の利用を規制する方向に働く(百村 二〇〇二)。間接的には、村内の一部の森林は非常に望ましい状態で保護されることにつながり、生物多様性の維持や水源確保などに寄与しているのである。

写真 7　ラタンの実
(*Daemonorops* spp.)

写真 8　コタケネズミ
(*Cannomys badius*)

写真 9　甲虫の一種（学名不明）

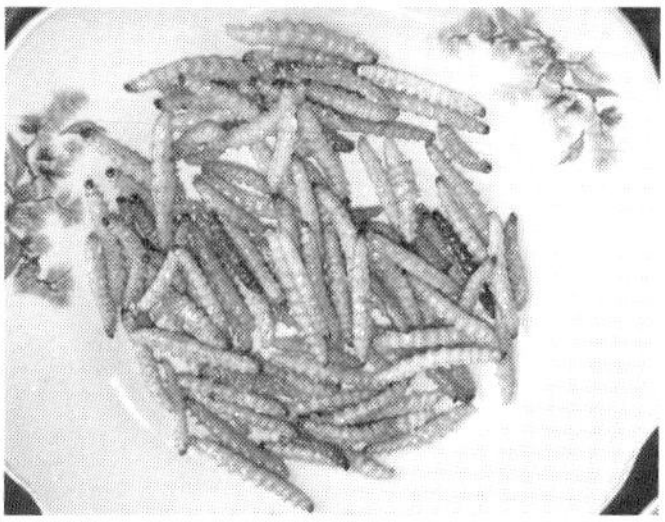

写真10　タケツトガの幼虫
(*Omphisa fuscidentalis*)

写真11　沢ガニ（学名不明）

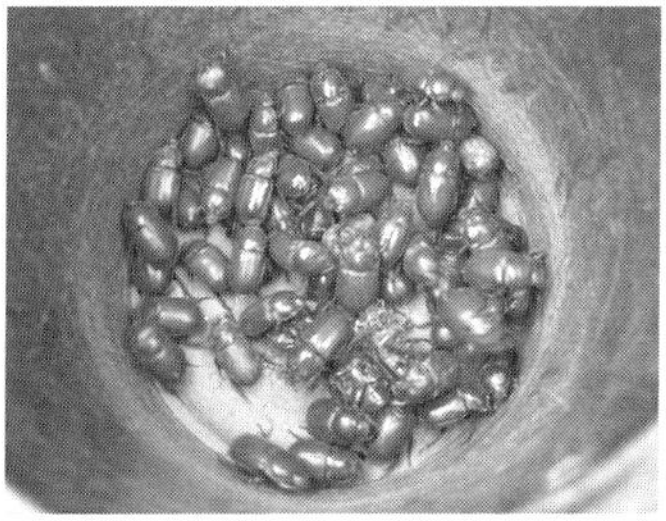

写真12　フンコロガシ（学名不明）

「タマサート」な暮らしの豊かさ

ラオスには、一九八六年に市場経済が導入された。それ以降、よい意味でも悪い意味でも、生活の西洋化と画一化が進んでいる。しかし、東南アジア大陸部の近隣国と比較すると、今なおラオスの人々の暮らしには伝統的なスタイルが多く残されている。農業に関しても、近隣国はモノカルチャー化が進んでいるが、ラオスは民族や地域によって多様な形態が見られる。

暮らしの知恵や農法などの伝統的技術は、「タマサート（*thammasat*）」と表現されることがある。「タマサート」は、自然、天然、土着を意味するラオス語である。「タマサート」な農業といえば、化学肥料や除草剤などを使用しない粗放的な農業、そして「タマサート」な生活といえば、原始的な生活を指す。しかし、見方を変えれば、環境に優しい農法、また自然のリズムに従った生活とも捉えることができる。実際、「タマサート」は両方の意味で使用される多義的な語である（田中 二〇〇八）。

筆者の調査地の多くは電気も来ていない少数民族の村である。ほとんどの場合、村人の家に居候させてもらい、何日か村人と生活をともにするのだが、日本で調査のことを話すと、「電気がなくて大丈夫ですか？」「お風呂はどうするのですか？」「食べ物はあるのですか？」などといった質問を受ける。大変だと思われるのかもしれないが、実際に調査をしている筆者はそれほどひどい環境だと思ったことはない。暖かいお湯の出るシャワーはないが、井戸や小川で水浴びができる。電気がなくても、日の出とともに起床し、日没とともに就寝すれば、およそ半日を太陽光だけで過ごすことができる。食事に関しては、旬の山菜と野菜を食べる。生活には自然のリズムがあり、それが豊かな暮らしの源になっていると感じる。先進国が失った自然のリズムとともに生きる生活、それが「タマサート」な暮らしである。

ラオスの人々は、ハウスを使って作物を促成栽培したり、地球の反対側から生鮮野菜を輸入したりして、一年を通して同じ食材を食べようなどと思わない。彼らと会話をしていると、「そろそろ○○が採れる」とか、「××は、あと少しで採れなくなる」という話題が出てくる。季節ごとの食材を楽しんでいるようである。それは、平野部も同様で、雨季に出現する湿地では魚を捕り、乾季にはバッタなどの食用昆虫を採集する。当然、水田でもカニやカエルを捕まえる。このようなコメ生産以外の活動が現金収入として大きく寄与しており、その収入は、私たちが思っている以上に多いことは先に述べたとおりである。

「タマサート」な暮らしは、自給向けのコメ生産を中心に、林産物採集、野生動物や昆虫などの狩猟採集、漁労など、さまざまな活動が組み合わされた複合的な生業によって支えられているといえるだろう。この複合的な生業は、自然環境的な要因と民族的な要因に影響されている。自然環境的な要因とは、地形（山地と平地）や季節変化（雨季と乾季）などであり、一方の民族的な要因とは、各民族が現在にいたるまで経験してきた移住の歴史やそれぞれの土地で獲得してきた知識や知恵（これを「在来知」と呼ぶ）である。複合的な生業のパターンは、自然環境が同じでも、民族によって異なるので、ラオスだけでも何百もの形態が見られるであろう。筆者の調査地域で焼畑耕地を村ごとに比較すると、混作される作物の種類や量、使われるイネの品種が異なり、また林産物の種類を比較しても、民族や村が立地する標高ごとに違いが見られた（Yokoyama 2004）。地域や民族ごとの文化の多様性が現れているのが「タマサート」な暮らしであり、それが結果的に生物の多様性にもつながっている。

生物多様性の保護と政策

ところが、残念なことに、すべてのラオス山地部の住民が前述の調査地域のような森の恵みを受けた暮らしを営むことができているわけでもなければ、「在来知」を次世代に継承できているわけでもない。そして、焼畑の休閑期間が短縮されたために持続的な森林利用ができなくなってしまった場所も多い。しかし、それは住民の側に問題があるというよりは、むしろ国際的な環境政策といった政治の側に問題があるようだ。

これを論じる前に、まずは「生物の多様性に関する条約」（Convention on Biological Diversity

以下ＣＢＤと略記）と森林開発、そして農業開発との関係について簡単に触れておく必要があるだろう。ＣＢＤは、一九八〇年代に（主に欧米諸国の）市民の自然保護に対する関心の高まり、そして国際自然保護連合（ＩＵＣＮ）などの欧米の環境保護団体からの生態系保全に対する要請があり、国連機関が条約を作る準備を始めたことに端を発する。そしてＣＢＤは、一九九二年六月のブラジルのリオ・デ・ジャネイロで開催された国連環境開発会議（ＵＮＣＥＤ、通称「地球サミット」）において調印式が行われ、一九九三年に正式に発効した。

沼田（一九九四：二〇―二八）によれば、自然保護に対する関心の高まりにはいくつかの波があるとされる。第一の波は一九七〇年代前後とされる。先にもあげた一九六二年のレイチェル・カーソンによる『沈黙の春』が指摘した農薬の多量利用に対する警告を契機に、エコロジー運動が高まりを見せ、それに応える形でさまざまな環境に関する国際会議が開催された。最も大きなイベントは、一九七二年に第一回国連人間環境会議がストックホルムで開催され、環境問題に取り組む際の原則を明らかにした「ストックホルム宣言」が出されたことであろう。そして第二の波は、一九八〇～九〇年にかけて生じた。第一の波とは異なり、持続性と多様性が国際的な目標となり、ＩＵＣＮ、ＷＷＦ、国連環境計画（ＵＮＥＰ）などの機関が一九八〇年に「世界保全戦略」を出し、また一九八二年にはＵＮＥＰ管理理事会特別会合がナイロビで行われ、環境と開発をめぐる論議について先進国と途上国とが共通で取り組む目標である

「ナイロビ宣言」が出された。そして、一九九三年の「地球サミット」でのCBDの調印は、第二の波の最大の成果であった。

現在の生物多様性の議論も、基本的には第二の波の延長線上にあると考える。ただし、一九八〇年代とは異なり、現在、その議論に加わっているアクターは、先進国政府や研究者のみならず民間企業や一般市民にまで広がっているのが特徴である。さらに、二〇一〇年一〇月に名古屋で開催された「生物多様性条約第一〇回締約国会議」(CBD-COP10)では、先進国が途上国の生物資源を利用する代わりに、途上国に薬品や食品の商品開発による利益を還元することが明記された「名古屋議定書」が採択され、途上国と先進国の関係が明確になった。民間を交えて地球規模で生物多様性に取り組む土台ができたことにより、CBD-COP10以降は、新しい第三の波が始まったと位置づけられるであろう。

本章で主に扱ってきた農地拡大や森林開発と生物多様性の関係は、第二の波の時期に議論され始めた。一九八六年に生態学者のフィァンサイドが発表した論文(Fearnside 1986)がひとつの議論のきっかけをつくった。その論文は、ブラジル・アマゾン(ロンドニア州)で大規模農牧場を建設するために森林に火を入れて、道路網の拡大に伴って森林が破壊される状況をランドサット(Landsat)の衛星データ解析によって示したものである。一九八〇年代は、一九七二年にアメリカ航空宇宙局(NASA)によって打ち上げられたランドサット一号、そして一九七五年に打ち上げられたランドサット一号から送られてきたデータによって、次々と地球の生の姿が明らかになった時期であった（写真13、14）。衛星データによる地球観測で土地利用の変化が可視化され、その事実を突きつけられた生物学者や生態学者が危機感を募らせるようになった。

また、偶然かもしれないが、フィァンサイドの論文が発表された同年に、スミソニアン研究所と米国科学アカデミーが主催した「生物多様性に関するナショナル・フォーラム」によって「生物多様性（Biodiversity）」なる用語が考案された（タカーチ 二〇〇六）。この状況をオックスフォード大学名誉教授の歴史地理学者のマイケル・ウィリアムスは、「生物多様性の喪失は社会的に構築されて「問題化」され、そして、それはほとんど森林破壊と同義語になった」（Williams 2006: 421）と述べている。

生物多様性を維持するため、森林破壊に歯止めをかける政策は、当然のことながら、アジアの小国ラオスでも、即座に実施に移された。一九八九年五月に首相のイニシアティブによって国家森林会議が開催された。そこでは、焼畑の安定化（焼畑による新たな森林伐採の禁止）のため、焼畑民に土地を分配することが話し合われた。その後、CBDの正式発効と同年の一九九三年にスウェーデン国際開発援助庁の援助を受けて、「森林および林地の管理と利用に関する法令（No.169/PM）」が発効された。この法令は、林地を区分し、実質的に焼畑を行う土地を制限する内容であった。法令の施行後は、森林の利用が厳しく制限された。さらに生物多様性保護のために焼畑を安定化する「土地森林分配政策」が全国で開始され、一九九六年には新しい「森林法」が制定された。

ラオス政府による森林管理の厳格化は、一九九〇年代終盤から二〇〇〇年代中盤にかけて、多くの国際機関や政府開発援助機関、そしてODAによる、社会林業、森林管理、そして「土地森林分配政策」を支援する換金作物導入などの新しい開発プロジェクトをもたらした。なかには、山地住民の森林利用の権利を守るために政府の森林政策と焼畑削減を批判し、伝統的な焼畑を支援する活動を実施したNGOも多かったが、あまり功を奏でず、統計上では焼畑面積は大きく減少した。「土地森林分配政策」の実施後、水田を持たない山地部では、焼畑ができなくなり、主食のコメを生産することが困難になった。陸稲の代わりに商品作物を栽培し、それを販売しても必要分のコメが買えない世帯も少なくない。したがって、統計には現れないが、各世帯に分配されたわずかな土地で従前と同じく焼畑を実施し、自給用のコメを栽培している地域も多かった。

「土地森林分配政策」で分配される土地は、通常は約一ヘクタールの土地が三区画である。よって、分配されたわずか数ヵ所の土地だけで焼畑をローテーションしてもコメの収量は低くなるばかりで、徐々に土地も疲弊していった。林産物の採取もできず、最終的には森林そのものが破壊された。「土地森林分配政策」が実施された村が、すべてこのような危機的な状況に

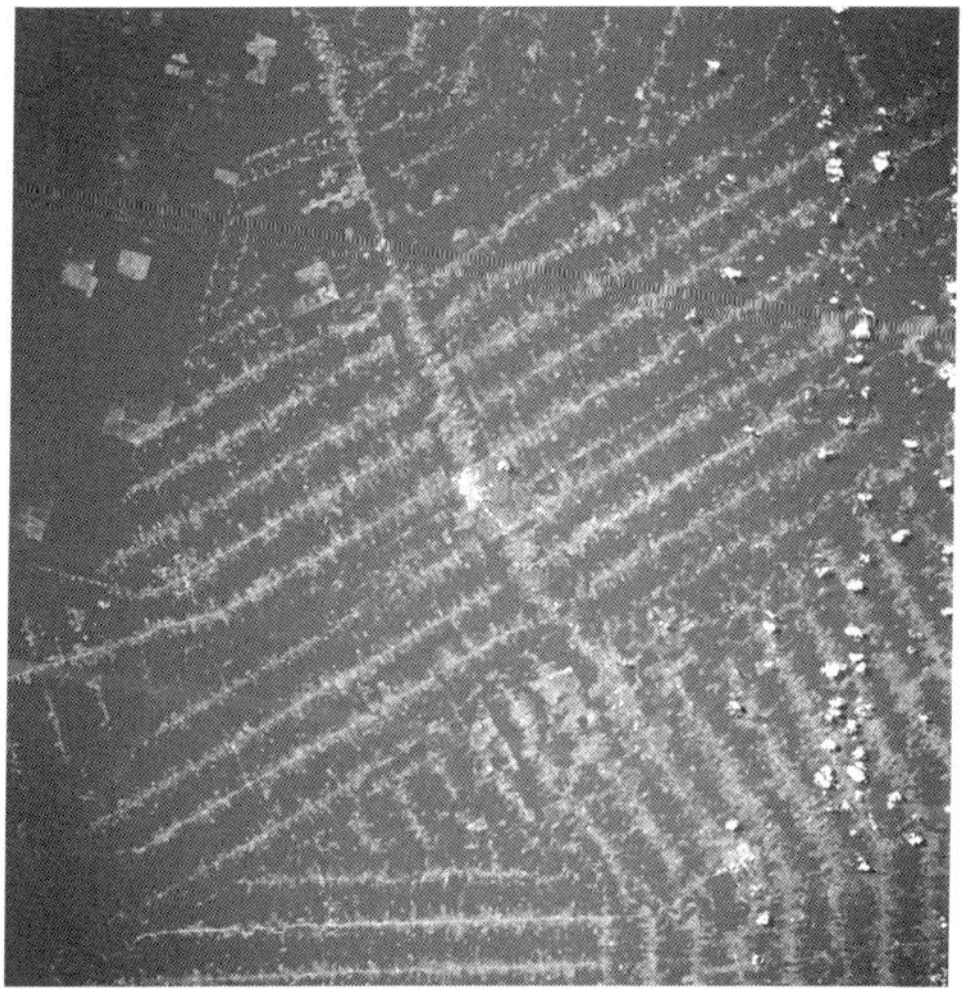

写真13　ブラジル・アマゾン（ロンドニア州、1985年6月）。まず道路が建設されて、その道路沿いから熱帯雨林が伐採される。伐採によって裸地が規則的なパターンで拡がっている状態が写し出されている（http://eol.jsc.nasa.gov/sseop/EFS/lores.pl?PHOTO=STS51G-34-60）

写真14　ブラジル・アマゾン（ロンドニア州、1984年9月）。上の写真と同じ地域をスペースシャトルからの撮影した画像である。焼畑や放牧地を造成するために切り開かれ、焼却される熱帯林が出す煙が宇宙からでも確認できることが写し出されている（http://earth.jsc.nasa.gov/sseop/efs/lores.pl?PHOTO=sts41d-40-0022）

なっているわけではない。しかし、筆者はこれまで持続的な焼畑を営み、森の恵みを享受して「豊かな」暮らしを営んでいた村が、この政策が実施された後に、生活が一変してしまう事例を何ヵ所も見ている（横山・落合 二〇〇八）。

また、ラオス政府はIUCNの支援で「国家生物多様性保護区（NBCA）」を設定した。二〇一〇年時点で、ラオスのNBCAは二〇ヵ所で国土面積の約一四%を占め、生物の保護に大きく貢献している。しかし、何世紀も前から居住していたネイティブの人々の土地が、現地の意向を踏まえずにNBCAとして囲い込まれ、移住を余儀なくされたり、移住はしなくても伝統的な生業活動を制限されたりする事例が報告されている（たとえば Poffenberger 1999）。

ここで述べたラオスの事例をふまえると、生物多様性の維持、そしてそれを達成するための森林保護は、途上国の人々が先進国の人々以上の犠牲を払って成り立っているのではないかと感じる。その政策は、国際的な合意のもと実施されているとはいえ、生物多様性の南北問題はまったく解決されていない。現在、自然保護に対する関心の高まりは第三の波に突入しているが、この南北問題を世界的なレベルで考えていかなければ、生物多様性の問題の真の解決は達成されないといえるだろう。

「半栽培」と「生物多様性」

ラオスの人々が実践する自然を活かした複合的な生業の形態と、その実践によって維持されている生物多様性を国際社会に伝え、彼らの暮らし方を再評価する必要がある。ラオスのような「南」の人たちの暮らし方は、私たち先進国とされる「北」に住む人々の暮らし方よりも環境に優しく、そして生物多様性の保護に貢献していることは間違いない。しかし、それを声高に訴えても、先進国はラオスの山地部のように電気のない生活に戻ることなどできない。また現段階でそのような議論をしても、最終的には政治的な問題に帰結してしまい、次世代の担い手に対して、自然と共存するラオスのような地域の人々の暮らしと生物多様性の関係を正しく伝えることは難しい。ところが、二〇〇九年に『半栽培の環境社会学』と題する学術書が出版され（宮内編 二〇〇九）、そのなかで議論されている「半栽培」は、まさにこれまで述べてきたラオスの人々の実践を理論的に説明するツールになるのではないかと感じた。

「半栽培」という概念と用語は、中尾佐助によるもので、野生植物の採集から農耕にいたる推移の状態として提唱されたとされる（福井 一九八三）。また、松井健も「セミ・ドメスティケーション」と称する同様の概念を提示しており、それは人間にとって有用な植物を保護し利用する行為であると位置づけている（松井 一九八九）。それに対し、宮内泰介は、考えられる自然と社会のバリエーションを考慮し、「半栽培」の考え方について「人間と自然との関係は、野生なのか栽培なのか、自然なのか人工なのか、といった二分法でとうていすくいきれないような、実に多様な関係があるのである。それは『攪乱』の『程度』の問題にも単純化できない」（宮内 二〇〇九：六）と述べている。

宮内の定義は、筆者がラオスで焼畑を行う農民の複合的な生業を議論する際に、これまでの「半栽培」の定義では説明できなかったことを十分に補ってくれるものであった。なぜなら、植生の「攪乱」だけに注目するのではなく、そうした状況をつくりだす過程を含めた実践を「半栽培」とするからである。

たとえば、前節で紹介した芳香性樹脂の「安息香」を産出するトンキンエゴノキは、現地では焼畑休閑地の初期段階において優占種となる。通常の焼畑休閑地の初期植生はさまざまな早生樹種によって構成されるが、安息香を採取している地域では、圧倒的にトンキンエゴノキが多い（写真15）。農民はおそらく何百年もかけて、トンキンエゴノキを選択してきたとしか考えられない。それは、単なる「攪乱」だけでは説明できず、その土地で生活してきた人々が安息香をたくさん採取できるように長い時間をかけてトンキンエゴノキの林を形成させるような「半栽培」の状況をつくりだしたと考えるのが妥当である。そうしてつくりだされた焼畑休閑

写真15　安息香樹脂を産出するトンキンエゴノキ（ラオス・ルアンパバーン県、2001年11月）。焼畑耕作を終えて1年8ヵ月経過した休閑地の植生。写真の樹木はすべてトンキンエゴノキであり、樹高はすでに2mを超えている。住民によると、遷移の段階で樹種を選択しているわけではないという

地でもトンキンエゴノキ以外の木本が侵入し、最終的には多様な植生の二次林が形成され、さまざまな生物資源を利用することが可能となるのだが、必ずある時点まではトンキンエゴノキが卓越するのである。

食糧供給と現金収入源としての経済活動、そして生物多様性の保全を考えると、ラオスの焼畑のような、よく管理された「半栽培」の事例は稀かもしれない。しかし、循環的な森林利用、たとえば日本の里山での薪炭材生産や林産物採取などに見られた実践も歴とした「半栽培」であり、そうした取り組みは、やろうと思えば世界各地で実践可能である。

「半栽培」の状況では、おそらく人の手が離れれば野生に戻るだろうし、人の手が入っている間は、ヒトのための食糧を与えてくれることになる。また、動物や昆虫、そして各種の微生物にとっても「半栽培」の土地は、モノカルチャーの形態の土地と比べると格段に住みやすい。すなわち、「半栽培」とは、「人間が手を入れて自然を利用し続けることによって生物多様性を維持するための実践」である。

ただし、増え続ける人口を養うことが困難となっている国に対して「半栽培」の考え方を理解してもらうのは難しいだろう。「半栽培」は万能薬ではないが、実践に移すべきだと思われる場も存在する。それは、ヒトの活動と環境保全とが競合しているような生物多様性保護区である。生物多様性を優先するためにネイティブの人々の土地を囲い込むような保護区がラオスで設定されたことを先に述べたが、他国でもそうした事例はいくらでも存在する。まずは、そうした問題を解決するために「半栽培」を実践することはきわめて有効である。

最後になるが、焼畑を行い、その休閑林から各種の生物資源を持続的に採取している人々は、「半栽培」を実践しているとか、それがヒトと他の生物の共存の理想型だとは決して思っていない。焼畑を行い、林産物を採取している人々が森を守り、生物多様性を維持するのは、生活のためである。日本に住むわれわれの大半は、現在、森に依存した生活などしていない。したがって、私たちが「森を守ろう」「生物多様性を守ろう」と叫ぶとき、何のために守る必要があるのか、身をもって感じることができない。これまで述べてきた「タマサート」やそれを支えている自然を利用した複合的な生業形態の実践など、とっくに過去に追いやってしまったのである。しかし、ヒトが「経済人」として金銭的な利益を追求するだけの生物ではなく、「地球人」として他の生物との共存を望むような生物ならば、ラオス農民の思想や実践方法を学び、それを次世代に伝えていく努力をすることはできるだろう。そのときに、「半栽培」の考え方は有力なツールとなる。生物多様性のために我々ができること、それは森を囲い込んで保護して手つかずの状態で残すことではなく、森の経済的価値と生態的価値を理解したうえで、積極的に利用し続けることである。

参考文献

カーソン、レイチェル　一九八七『沈黙の春』青樹簗一訳、新潮社。

シヴァ、ヴァンダナ　二〇〇六『食料テロリズム——多国籍企業はいかにして第三世界を飢えさせているか』浦本昌紀監訳、竹内誠也・金井塚務訳、明石書店。

ダイアモンド、ジャレド　二〇〇〇『銃・病原菌・鉄——一万三〇〇〇年にわたる人類史の謎』上、倉骨彰訳、草思社。

タカーチ、デイヴィッド　二〇〇六『生物多様性という名の革命』狩野秀之・新妻昭夫・牧野俊一・山下恵子訳、日経BP社。

田中耕司　二〇〇八「タマサートな実践、タマサートな開発」横山智・落合雪野編『ラオス農山村地域研究』めこん、一九一―一九九頁。
谷正和　二〇〇五『村の暮らしと砒素汚染――バングラディシュの農村から』ＫＵＡＲＯ叢書五、九州大学出版会。
都留信也　一九九四『土地のある惑星』地球を丸ごと考える六、岩波書店。
ハリス、マーヴィン　一九九〇『ヒトはなぜヒトを食べたか――生態人類学から見た文化の起源』鈴木洋一訳、早川書房。
百村帝彦　二〇〇二「ラオス南部での森の利用――救荒植物と森にまつわる禁忌」『森林科学』三六：七六―七八頁。
福井勝義　一九八三「焼畑農耕の普遍性と進化――民俗生態学的視点から」大林太良ら編『山民と海人――非平地民の生活と伝承』小学館、二三五―二七四頁。
中静透　二〇〇五「生物多様性とはなんだろう？」日高敏隆編『生物多様性はなぜ大切か？』昭和堂、一―三九頁。
沼田真　一九九四『自然保護という思想』岩波新書。
マクニール、ジョン・ロバート　二〇一一『二〇世紀環境史』海津正倫・溝口常俊監訳、名古屋大学出版会。
松井健　一九八九『セミ・ドメスティケーション』海鳴社。
宮内泰介　二〇一〇「『半栽培』から考えるこれからの環境保全」宮内泰介編『半栽培の環境社会学――これからの人と自然』昭和堂、一―二〇頁。

宮内泰介編　二〇〇九『半栽培の環境社会学――これからの人と自然』昭和堂。
横山智　二〇〇五「照葉樹林帯における現在の焼畑」『科学』八五（四）：四五〇―四五四頁。
横山智・落合雪野　二〇〇八「開発援助と中国経済のはざまで」横山智・落合雪野編『ラオス農山村地域研究』めこん、三一一―三四七頁。
Foley, J.A., DeFries, R., Asner, G.P., Barford, C., Bonan, G., Carpenter, S.R., Chapin, F.S., Coe, M.T., Daily, G.C., Gibbs, H.K., Helkowski, J.H., Holloway, T., Howard, E.A., Kucharik, C.J., Monfreda, C., Patz, J.A., Prentice, I.C., Ramankutty, N. and Snyder, P.K. 2005. Global consequences of land use. *Science* 309: 570-574.
Fearnside, P.M. 1986. Spatial concentration of deforestation in the Brazilian Amazon. *Ambio* 15: 72-79.
Poffenberger, M. (ed.) 1999. *Communities and forest management in Southeast Asia: a regional profile of the working group on community involvement in forest management*. Gland, Switzerland: IUCN.
Yokoyama, S. 2004. Forest, ethnicity and settlement in the mountainous area of northern Laos. *Southeast Asian Studies* 42（2）: 132-156.
Yokoyama, S. 2010. The trading of agro-forest products and commodities in the northern mountainous region of Laos. *Southeast Asian Studies* 47（4）: 374-402.
Williams, M. 2006. *Deforesting the Earth: From Prehistory to Global Crisis, An Abridgment*. Chicago: The University of Chicago Press.

■執筆者紹介（執筆順）

阿部健一（あべ けんいち）……はじめに、第1章　＊編者紹介参照。

辻野　亮（つじの りょう）……第2章

奈良教育大学准教授。専門は生態学。

おもな著作に『深泥池の自然と暮らし――生態系管理をめざして』（分担執筆、サンライズ出版、2008年）、『日本列島の三万五千年――人と自然の環境史 1 環境史とはなにか』（分担執筆、文一総合出版、2011年）、『新・秋山記行』（分担執筆、高志書院、2012年）など。

神松幸弘（こうまつ ゆきひろ）……第3章

立命館大学グローバル・イノベーション研究機構助教。専門は動物生態学。

おもな著作に『人と水』（分担執筆、勉誠出版、2010年）、『安定同位体というメガネ――人と環境のつながりを診る』（共編著、昭和堂、2010年）など。

依田　憲（よだ けん）……第4章

名古屋大学大学院環境学研究科教授。専門は動物行動学。

おもな著作に『動物たちの不思議に迫るバイオロギング』（分担執筆、京都通信社、2009年）、『行動生態学（シリーズ現代の生態学5）』（分担執筆、共立出版、2012年）など。

夏原由博（なつはら よしひろ）……第5章

名古屋大学大学院環境学研究科教授。専門は保全生態学。

おもな著作に『いのちの森　生物親和都市の理論と実際』（編著、京都大学学術出版会、2005年）、『地球環境と保全生物学』（分担執筆、岩波書店、2010年）など。

今西亜友美（いまにし あゆみ）……第5章コラム

近畿大学総合社会学部准教授。専門は環境デザイン学。

おもな著作に「孤立した都市緑地における植物の保全と課題――社寺林と境内の生育地としての特徴」（『景観生態学』12-1、2007年）、「江戸時代中期の賀茂御祖神社の植生景観と社家日記に見られる資源利用」（『ランドスケープ研究』71-5、2008年）など。

横山　智（よこやま さとし）……第6章

名古屋大学大学院環境学研究科教授。専門は地理学。

おもな著作に『ラオス農山村地域研究』（共編著、めこん、2008年）、『朝倉世界地理講座　第3巻　東南アジア』（分担執筆、朝倉書店、2009年）など。

■編者紹介

阿部健一（あべ けんいち）

総合地球環境学研究所教授。専門は環境人類学・相関地域研究。
おもな著作に『The Political Ecology of Tropical Forests in Southeast Asia: Historical Perspectives』（共編著、京都大学学術出版会、2003年）、『The Social Ecology of Tropical Forests: Migration, Population and Frontiers』（共編著、京都大学学術出版会、2006年）など。

地球研叢書
生物多様性　子どもたちにどう伝えるか

2012年10月30日　初版第1刷発行
2018年10月30日　初版第2刷発行

編　者　阿部　健一
発行者　杉田　啓三
〒607-8494 京都市山科区日ノ岡堤谷町3-1
発行所　株式会社　昭和堂
振込口座　01060-5-9347
TEL（075）502-7500／FAX（075）502-7501
ホームページ　http://www.showado-kyoto.jp/

印刷　亜細亜印刷
ISBN 978-4-8122-1119-9